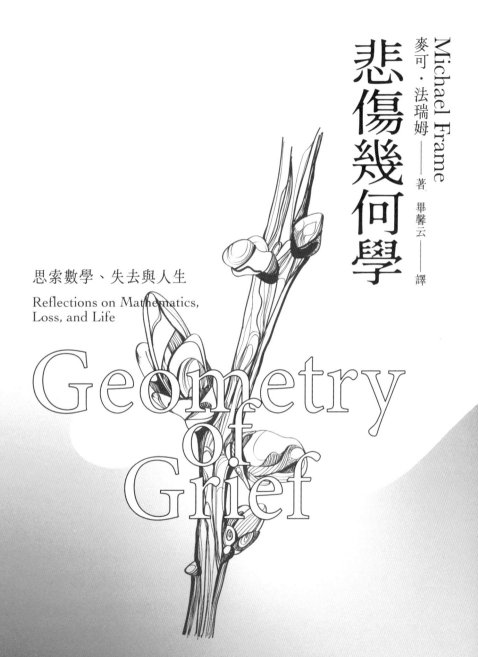

Michael Frame
麥可・法瑞姆——著　畢馨云——譯

悲傷幾何學

思索數學、失去與人生

Reflections on Mathematics,
Loss, and Life

Geometry
of
Grief

目次

序文

爸爸，這真的很可怕。

「找找天上最亮的那顆。」

「在樹的旁邊，大概 45 度角嗎？是那顆嗎，露西（Ruthie）？」

「對，那就是金星。它是行星，是一顆星球，幾乎和地球一樣大，而且始終很多雲。還沒有人看過金星表面。」

「如果金星一直有很多雲，那邊就一定很冷。」

「不一定。金星比地球更靠近太陽，也許那些雲層在高溫下還持續存在，那裡就非常熱。」

「那我懂了。今天晚上天空清朗無雲，所以會比多雲的時候涼爽。」

「你說對了，米奇。現在想進屋裡嗎？」

「天上還有其他行星嗎？」

「今天晚上看不到。」

「我們能不能待在外面看螢火蟲？」

「當然可以呀。」

那是 1958 年夏天的某個深夜。深紫偏靛藍色的天空中閃現著幾顆小星星，還有一個明亮得多的光點，金星。我們在西維吉尼亞州的南查爾斯頓（South Charleston），在我的祖母和露西姑姑的家裡共進晚餐。我七歲，我妹妹琳達四歲，我們的弟弟史蒂夫兩歲。只有我和露西在後院，其他人都在前廊，媽媽說我們是來「探望」。我們住在西維吉尼亞州的聖奧班斯（St. Albans），離這裡差不多只有十三公里，所以常來看看我的祖母和露西。只是我不懂為什麼成年人要探望。他們會談些什麼？他們只是講講鄰居和其他親屬的閒話。

我和露西不一樣。那天下午我們坐在自家的菜園裡，看著意志堅決的螞蟻大軍和亂跳的蚱蜢出神。我建構出詳盡的自然史來解釋牠們的行為；露西提出了簡單得多的其他解釋。她從來不用「奧坎剃刀」（Occam's razor）一詞，但已經開始教我簡單解釋之美。還有省時省力的可能性：魯布哥德堡機械（Rube Goldberg machine）有很多可能會故障的點——魯布哥德堡機械是個複雜的古怪裝置，占滿整個房間，但執行像打蛋這麼簡單的任務。也許我的複雜途徑是很好的心理演練，但我真的認為大自然那麼愚蠢嗎？多年後，我明白是露西讓我走上科學家這條路。她認為好奇心是最重要

的特質；孩子的好奇心，在解釋廣闊天地面貌和動態時的彎彎曲曲推理，是成年人所能看到的最美好事物。爸媽、祖父母、其他的叔叔姑姑都鼓勵好奇心，但露西是在培養好奇心，混入一點懷疑論，而且總是會找一本和時下議題有關的書給我讀。露西讓我走上了六十年後寫出這個故事的路。

小學時討論到未來的志願，我的同學不是想當警察、消防員，就是公園管理員（太空人在當時並不是職業——對，我是老一輩的人），我卻恰恰相反，想當物理學家、數學家或天文學家。但實際上，那個年齡的孩子個個是自然觀察家。夏天早上在住家附近的樹林中，可以不斷看到自然奇觀。童年的樂觀態度是無止境的。我父母的經濟能力儘管有限，仍能給我機會嘗試創意探索。為了測量熱電偶（把銅線和鋼絲繞在一起，可將熱轉換成微弱的電流）的輸出，另外一個學生的父親買了一個昂貴的多用電表，而我做了一個檢流計：把兩根磁化的針，穿過用線懸掛在線圈中的小長方形厚紙板。誰會在測出微小電流的時候得到更多樂趣？

露西並沒有幫我設計實驗，是爸爸做的，而且還讓我在他的工作室角落弄了一個小小實驗室；但露西促使我發覺自己可以做實驗，解答我自己的一些問題。

在我十一歲、快十二歲的時候，露西生病了。何杰金氏淋巴瘤（Hodgkin's lymphoma），這種疾病現在是可以治癒的，但在 1960 年代初期不是。我相信她接受了化療藥物 Mustargen 的治療，但在痛苦中只多活幾個月，在我滿十二

歲不久時就去世了。露西生病時我去看望她，但做不了什麼事。我站在她床邊，把小手放在她的前臂上，我想要和她說話，但想不出要說什麼。探望之後回到家，媽媽擁抱我，摸著我的頭髮。我知道我應該和露西多講講話，她為我做了這麼多，現在她需要我，她需要我和她講講話，因為我是她特別疼愛的人。後來我知道媽媽是在撫平自己的悲傷。她對情況了解得比我多得多，知道這種疾病會獲勝，露西會戰敗。爸爸開始和我談他妹妹的病痛，他很坦誠：露西快死了。我很感激他說出實情，而不是胡扯露西要離家一陣子，或是要去和天使一起住了──這種說法更糟糕。[1] 她的生命會走到盡頭，而且時日無多。「這不公平。露西和我還有很多事情要做，她答應過我們會買望遠鏡去看行星。我的零用錢已經存六個月了。這真是不公平。」

「兒子，人生本來就不公平。露西不是因為做了什麼壞事才生病。她就是生病了。有時候好事會發生，有時候壞事會發生，我們能做的就是努力讓多一點好事發生，讓少一點壞事發生。可是發生在我們身上的很多事情，我們束手無策。」

「爸爸，這真的很可怕。」

「對，真的是這樣。」

那天晚上我想到一個計畫。我會非常非常用功，成天讀書，不再玩捉迷藏，或是跟年幼的小朋友講無聊的故事。我會提前讀完高中，上大學，然後進研究所和醫學院，成為醫

學研究員，找到治療何杰金氏淋巴瘤的方法，給露西用藥，治癒她的病。我的其中一個幻想是坐著直升機，從我的大學實驗室飛到露西的醫院。我對我的計畫非常滿意，我告訴媽媽，並說我會叫露西不要擔心，我會治好她的病。我以為媽媽會很高興，但她看起來非常難過，告訴我，我不能跟露西說。

「為什麼不行？妳不想讓她知道她會好起來嗎？」

「米奇，我不希望你讓她燃起希望。」這是謊言，一個溫和、善意的謊言。「不管你怎麼用功讀書，可能都治不好露西的病。」

從邏輯上講，我知道媽媽是對的。我去查爾斯頓的圖書館，找了一本腫瘤學的書（我問媽媽研究癌症的科學叫什麼名稱），找到何杰金氏淋巴瘤的存活統計資料。數字不樂觀。但我沒法想像沒有露西的世界，我們還要做很多年的探索，更何況，露西怎麼可以離開她和藹可親的母親蘿芙娜‧法瑞姆（Luverna Frame），我的世界裡最和善、最溫柔的成年人？一定有解決的辦法，我會找到的。

但露西死了。她在醫院去世時，爸爸在她身邊，握著她的手。當他回到家，他的表情說出了我需要知道的一切。他告訴媽媽、琳達和史蒂夫，他們哭了；我沒有哭。最後媽媽說，露西病得很嚴重，不會再好轉，所以不再有痛苦比較好。「露西會痛嗎？」琳達放聲大哭，接著她和史蒂夫開始邊跑邊尖叫，最後才平靜下來，開始啜泣。但我已經知道露

西很難受。我在走道等候爸爸去確認我可以進病房的時候，偶爾會聽到她的呻吟聲。她在忍受痛苦，現在不痛了。離開塵世的平靜，比稍許緩解的痛苦更好嗎？這對十二歲的孩子來說是個大哉問。現在仍是大哉問……

爸爸不想讓我們小孩子去參加葬禮。爸爸媽媽去葬禮的時候，我們待在外祖父母伯爾和莉迪亞·艾羅伍德（Burl and Lydia Arrowood）的家。我在外公的工作室發現了一袋氣球。外公是鐘錶匠，專門修理鐘錶，因為要用氣炬熔化一些合金，所以他的工作室有氣體噴嘴。我替一個氣球充氣，捆緊，走到前院，在離樹木一段距離的地方把氣球飛上天。這個舉動象徵著憂傷：它代表露西和我打算做，而現在永遠逝去的所有實驗。它代表一扇門關起來了。

就這樣，我把自己封閉起來，與外界隔絕。我再也不能幫助露西了，但也許我可以幫助其他人。我都在看書和學習科學，爸媽設法勸我到屋外跑一跑，他們說琳達和史蒂夫很想我，但我不這麼認為。他們整個夏天都在屋外，冠藍鴉和貓鳥的鳴唱一早就叫醒他們，整天玩著捉人遊戲和捉迷藏，黃昏時跑去看飛東飛西的螢火蟲。才不呢，他們不需要我。

現在我有個目標：我再也幫不了露西，但可以找到治病方法治好其他人。十二歲孩子認真下定的決心會是很狂熱的，我更是加倍狂熱。

那年，我在代數課本上讀到一個補充的問題。我花了大半個週末嘗試各種技巧，最後終於找到一個解法，但很拙

劣、呆板又粗糙。這個解法行得通，但我知道它不是作者的
用意。週一數學課下課後，我去問老師，她笑著說她很高興
我嘗試解這個問題，然後寫出簡單又漂亮的解法。

那一刻，我的自我世界收起，消失了，我知道我所以為
的是另一種悲傷的想法。那個解法只用了我知道的技巧，但
應用的方式是我先前沒想到的。那一刻，我開始懷疑自己不
夠聰明，沒辦法當個優秀的科學家。決心和努力會讓我躋身
科學家之列，但當個配角的人生夠了嗎？選擇那條路帶來的
真正風險是，從我現在所處的人生盡頭回首過去，會發現幾
十年來的穩定工作中偶有些許獨到的見解。不可否認，那些
時刻很令人驚喜。了解一點點想法架構的樂趣就是有大量的
回報。但我想做的事更多。

我的人生和別人的人生有那麼不同嗎？對某些人來說，
天資和興趣相符，就會展開令人滿意的生活，了無遺憾或揣
測，很令人羨慕。但我們許多人都會經常想到當初沒有選擇
的某條路。有些抉擇引領我們走上自己無法倒轉的路，即使
現在改變跑道，餘生也不會像多年前就做出另一個選擇那樣
發展。可能發生的結果非我們能力所及，我們為這種失落痛
心。

我選擇探究一些數學結構，對我來說，這條路能夠為悲
傷提供新的視角。我認為痛心與做數學展現出一些相似處；
我們會在對方身上找到如出一轍的東西。苦思數學問題幫助
我剖析自己的哀傷經歷，這正是我要談的主題。

伊森·卡寧（Ethan Canin）在《懷疑者的年鑑》（*The Doubter's Almanac*）中寫道：「死亡的悲傷和知道孩子未來感受到痛苦的悲傷一樣嗎？音樂的憂愁呢？和夏日黃昏的憂愁一樣嗎……這兩者我們都稱為悲傷……但要如何化解我在父親最後那段日子感受到的哀痛？我們認為我們的悲傷是有邊際的，就像我們這個世界上知道的平面一樣。但真是這樣嗎？」[2]

對我來說，幾何是數學裡最美的部分，也是我最了解的部分，所以我會集中在幾何上：悲傷的幾何。這與幾何的悲傷明顯不同，就如同〈If it weren't for bad luck, I'd have no luck at all〉這首歌和歌劇大師浦契尼的詠嘆調〈公主徹夜未眠〉明顯不同；幾何的悲傷是下午最後某堂課，老師在黑板上利用「三角形 SAS 全等性質」振筆證明，而你想要蹺課的那股渴望。在這本書中，我們會探討悲傷影響幾何與幾何影響悲傷的幾個方式。

在我研究其他人寫過的東西之前，這個計畫的架構大部分已經就緒。在這本書中經常重複說的概念就是，想法是不可能看不見的。在想清楚我自己感受的傷痛之前就先去理解別人的想法，也許會限制我了解這些體悟的方式。我先粗略勾勒了草稿，才開始閱讀關於悲傷的過往研究，心理學家約翰·阿卻爾（John Archer）的《悲傷的本質》、人類學家芭芭拉·金（Barbara King）的《動物如何悲傷》，以及身兼醫生和演化生物學家藍道夫·內斯（Randolph Nesse）的〈理解

悲傷的演化架構〉這些書籍與文章中的演化觀點，特別有幫助。[3] 我的某些想法跟既定的概念相似；其他又有所不同，有的甚至明顯不同，到時我都會指出來。

把我自己的看法擺在已經研究悲傷這個課題多年的學者的看法前面，這樣是不是很自大？我的答案是否定的，但你可能不同意。在午夜與黎明之間的深夜，我們和自己的思緒獨處，這也正是我們整理自身傷痛的最佳時分。第一步是了解自身感受，然後看看它如何融入既定的工作。在我所寫的任何東西能夠說得通之前，你必須先審視你自己的傷痛。

儘管我很欽佩阿卻爾、金、內斯，和其他才思敏捷的學者，我還是認為文學、電影與音樂可以更直接展現內在傷痛世界。也有一些人持這個看法。亞歷山大・鄒德（Alexander Shand）的《性格的基礎》（*The Foundations of Character*）是第一次針對悲傷心理學的系統研究，鄒德在寫這本書的時候沒有什麼實驗數據，所以仰賴詩歌和文學，這些作品的作者都是細心體貼的人性觀察家。[4] 阿卻爾體認到，某些文學作品能夠清楚表達帶有情感重量的觀點，而他透過藝術視角來研究悲傷。[5]

故事會提供最直接、最細微、最廣闊的描繪。關於沙特的存在主義觀點，我從他的小說《自由之路》三部曲了解到

的，比從知識濃度高的哲學巨著《存在與虛無》了解到的更多。[6]我會在接下來各章講很多故事。

倘若要了解藝術如何發自肺腑傳達深刻的愛與悲傷，不妨想想娜塔莉·默千特（Natalie Merchant）〈My Skin〉這首歌的歌詞，或她唱〈Beloved Wife〉這首歌時的哽咽聲；想想羅琳娜·麥肯尼特（Loreena McKennitt）〈Dante's Prayer〉這首歌哀傷卻又充滿希望的歌詞。想想菲利普·葛拉斯（Philip Glass）的歌劇《沙灘上的愛因斯坦》當中，〈Knee 5〉這段令人屏息的終曲；這部歌劇的其他幾個樂章在音樂上更加有趣，但這段音樂的多層次聲音和不帶感情的朗讀令我驚歎到透不過氣來。音樂可以直接對我們傳達深刻的情感。[7]

如果你看過李安的唯美電影《臥虎藏龍》，不妨想想李慕白死在俞秀蓮臂彎裡的那一幕。李慕白臨死前對俞秀蓮說：「我已經浪費了這一生。我要用這口氣對妳說……我一直深愛著妳。我寧願游蕩在妳身邊，做七天的野鬼，跟隨你，就算落進最黑暗的地方，我的愛，也不會讓我成為永遠的孤魂。」

或想一想這部電影的尾聲。玉嬌龍在武當山上的廟宇裡。她和她的大盜情人羅小虎並肩站在雲霧繚繞的一座橋上。玉嬌龍問：「還記得你說的那個故事嗎？」早些時候，羅小虎告訴她：「我們有一個傳說。如果誰敢從那座山上跳下來，天神就會滿足他的願望。很久以前有個人的父母生病了，他就從山上跳下去，結果他沒有死，一點傷都沒有，後

來他漂泊去了，再也沒有回來。他知道他的願望實現了。真心的，就會實現。我問過老人，他們說：『是，心誠則靈。』」

羅小虎回：「心誠則靈！」玉嬌龍說：「許個願吧，小虎。」羅小虎：「一起回新疆！」玉嬌龍從橋上縱身一躍，消失在雲霧裡。玉嬌龍在馬友友的大提琴聲中，穿過了雲海。到此你一定知道這並不是武俠片，而是個關於愛、失去與悲傷的故事。[8]

或許你看過《六呎風雲》（Six Feet Under），這部播出五年的影集圍繞著在洛杉磯經營葬儀社的家族。你可能會批評這種選擇是容易實現的目標：經營葬儀社的人在工作時間都會遇到悲傷。不過，每一集都是從某個哲學或心理學角度探討死亡與悲傷。現在我對大結局特別感興趣，這一集用了希雅（Sia）的歌曲〈Breathe Me〉當配樂。[9]我們看到主要角色展開人生與走向終點，劃出生命的弧線，看到許多層面的悲傷，映照著愛的悲傷。我必須提一下出現在《辛普森家庭》第 29 季第 21 集〈弗蘭德家的梯子〉（Flanders' Ladder）當中的改編版，一開始很有趣，到後面就「一點也」不好笑了。

想想屠格涅夫的代表作《父與子》當中，葉夫根尼·瓦西里維奇·巴扎羅夫（Yevgény Vasílevich Bazárov）的死去，想想他的年邁父母在他的墓旁感受到的哀慟。[10]葉夫根尼的死本來是可以避免的。在這個故事的世界裡，短短一瞬間的疏忽，他的死去就成了必然，不可逆轉。屠格涅夫在小說結

尾描述了村莊的小墓地：「兩個身體虛弱的老人，一對夫妻，經常從附近的小村莊走到那裡。他們彼此攙扶，拖著沉重的腳步；他們走近鐵圍欄，跪地良久，泣不成聲，思念地凝望著寂靜的墓石，他們的兒子的長眠之地。」

這幅喪子之痛的情景令人不寒而慄，但在更大篇幅的敘述中，我們更充分了解他們的哀傷。有時我認為，這種排山倒海的情緒與屠格涅夫簡單易懂的散文體並列在一起，表露出埋藏在悲傷裡的絕美。

故事無法真正告訴我們另一個人的感受，但可以幫助我們想像，如果在他們的處境我們會有什麼感受。我相信這是同理心的基礎，是我們想嘗試了解一點悲傷的方式。

我們將會討論的許多想法都是自我反省的結果，是我的悲傷和幾何的親身經歷。我大多會用故事的形式呈現，而不是抽象的論證，因為我認為故事能更有效傳達具情感重要性的想法。抽象論證可以提供一些背景，但故事讓論點直接且堅定。

也許我的經歷會讓你想起你的經驗，或許你的經歷截然不同。經歷不同，對悲傷的理解就會不同嗎？我不知道。有形的物質世界容納得下許多美景，但究竟有多少景色能留存在我們的腦海中？

在這本書中，我們將會揭露一些看法，而且大部分會提好幾次，只是情境不同，但全都會用故事來說明。在這裡我先簡述一下後面會探討的重點。

悲傷是一種對永久失去的反應。推論：沒有預期性的悲傷。[11] 若要產生悲傷（grief）而不是感傷（sadness），所失去的事物就必定承載極大的情感重量，而且不可刻意迴避生活經歷的超凡層面。吐出氣把霧推離明亮的光點。我們將會聚焦在悲傷的這三個層面：它是不可逆轉的，它帶有情感重量，它是超凡的。悲傷並不是呈現這些特質的唯一感受。我自己沒有兒女，但我想像為人父母是同樣深切的經驗：不可逆轉，有情感重量，超凡的。悲傷還有一個明顯的層面就是，它是面對失去的反應。

悲傷有演化的基礎。我們將探討這個基礎的一些論點，以及證明動物會感到悲傷的憑據。我們也將看到，文學與音樂為這些經歷提供有效、有時是深切的窗口。這也標示出承認我們悲傷之路。

最初的靈光一閃，第一次弄懂某事的那一刻，只會發生一次。如果我們理解的事情對自己很重要，暗示有更深層的玄虛奧祕，我們就有可能因為失去這一刻感到悲傷，我們一有這種感受，那一刻就永遠逝去了。鏡中看到的美，映照出悲傷，我會在幾何與悲傷之間建立這個連結關鍵。

第 4 章介紹故事空間中的生命軌跡觀點，會提供投射悲傷，甚至從悲傷的痛苦中找到慰藉的方法。故事空間是我們

發展出來的主要工具，所以在這裡我會提一下重點：

- 生命中的每一刻都是非常豐富，有許多甚至是無限多可去注意的變數。
- 我們可以透過故事空間，把人生看成用時間參數來描述的軌跡。
- 我們永遠無法同時查看所有可能存在的變數；恰恰相反，我們一次只關注幾個變數，把注意力限定在故事空間的低維子空間上。
- 我們走過這些子空間的軌跡，正是我們對自己說的人生故事；這些軌跡是理解人生的方式，但總會遺漏某些經驗。
- 在我們穿過故事空間的路上，不可逆轉的失去看上去就像個不連續處，像個中斷點。
- 藉由特別關注某些子空間，把軌跡投射到這些空間，我們就能減少中斷處的明顯落差，找出方法面對情感上的失落，或許再進一步減少失落的衝擊。我們將會用一兩個例子說明最後這一點。

此外，悲傷是自我相似的：喪父或喪母之痛包含許多「比較輕微」的悲傷。再也不能促膝長談，回憶當年，一起散步。每一個微小的悲傷都是對失去父母的反應的縮影，都是縮小版，可以當成尋找有效投射的實驗室。向外在投射，

悲傷就有可能指向可以助人的舉動。我最樂觀的想法是，悲傷的一部分能量可以透過這種方式重新導向，無論小步或大步，總歸是往前邁步。

這本書是我給先父先母、離我們而去的朋友和貓的情歌。這本書也是給幾何學的情歌，它是我心目中最亮的光點。到了晚年，我對幾何的理解逐年消失，在我破碎的心上增添了複雜的裂痕。

我在這裡介紹的幾何知識，並不是幫你熬過悲傷的簡單訣竅，而是幫助過我的觀點概述。這些知識也許會是你的路標，你可以改變這個思路，用來減輕自己的痛苦。或許這些知識以後會幫助你在人生過程中，看到你以前不會看到的幾何。

第 **1** 章

幾何

我懷念以前我看樹的方式。

假設現在是早春，時間是黃昏，你在一座你不大熟悉的公園裡。當你把目光從這本書移開抬頭看，你會看到什麼？也許有深深淺淺形狀組成的複雜圖案，變成樹幹的粗略圓柱體；大樹枝、小樹枝、細枝；參差不齊的平面是樹葉。然後看到花花草草。辨識出幾何形狀可幫助我們分辨周圍的事物，或至少替這些事物命名。

我們看見外表形狀的變化，辨識出動態——例如樹葉和樹枝在微風中舞動。

在一棵大樹的樹梢，葉子仍映照著餘光，儘管樹幹已經暗了。我們說夜幕低垂，但來看看黃昏如何降臨（如果我們

清晨回到這裡，就是看黎明如何降臨）。太陽與地球的幾何結構，揭露了我們可能錯過的簡單天地萬物。

長久以來，藝術家對於幾何形狀一直有敏銳的直覺。就舉幾個例子來說吧。花幾分鐘在 Google 搜尋一下，你會發現更多例子。

位於西班牙格拉納達的阿爾罕布拉宮（Alhambra），建於第 9 世紀，又在 13 世紀時重建，可說是伊斯蘭藝術與建築的美麗表現。許多花磚鑲嵌，包括畫在下面的這個鑲嵌，都是平面的密鋪（tessellation）。這些形狀可以把整個平面填滿，彼此間沒有重疊，也不會留下空隙，每個形狀之間就只

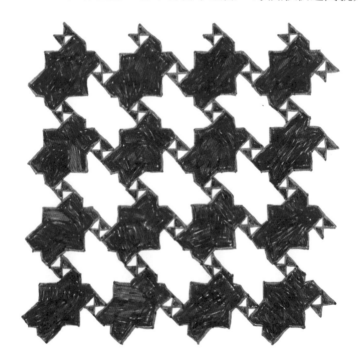

是沿著本身的（部分）邊緣密合在一起。西洋棋盤的正方格和蜂巢的六邊形，是大家最熟悉的，但還有其他的例子。

葛林鮑姆（Branko Grünbaum）和薛帕德（Geoffrey Shephard）合著的《鑲嵌與幾何圖樣》（Tilings and Patterns，這本書厚達 700 頁，因此搏得「淵博」之稱），就提供許許多多的例子，有些來自藝術，但大部分來自數學。[1]總共只有十七種不同的圖樣，這些圖樣現在有個會勾起回憶的名稱，叫做「壁紙群」（wallpaper group），但在 19 世紀末俄羅斯晶體學家兼數學家葉甫格拉夫·菲德羅夫（Evgraf Fedorov）寫下他的證法，證明只有十七種圖樣存在之前好幾百年，穆斯林藝術家就熟知這些鑲嵌了。[2]有些時候，藝術家早在數學家證明他們的見解正確之前，就培養出敏銳的直覺了。

還有一個說明幾何與藝術如何相互影響的例子，是以相似三角形為基礎而形成的。回想一下幾何課學過的，兩個三角形如果形狀相同，就稱為相似三角形，即使大小不同也

不例外。倘若組成某個形狀的部分與整個形狀相似，我們就稱這個形狀是「自我相似的」（self-similar）。上頁圖左邊那個三角形裡面還有三角形的圖形，是最有名的自相似形狀之一，「佘賓斯基三角形」（Sierpinski gasket）。要看出它的自相似性，不妨注意這個三角形的三塊組成部分，即左下、右下和中間上方的三角形，每一塊都與整個三角形相似。我們會在第 3 章詳細介紹佘賓斯基三角形。

碎形（fractal）是數學家班諾瓦・曼德布洛特（Benoit Mandelbrot）率先發現的形狀類別，這類形狀的組成部分在某種程度上都與整個形狀相似。海岸線的局部近看起來和遠看更廣闊的海岸線很像；蕨葉看起來像一棵小蕨類植物；兩公尺長的 DNA 鏈一遍又一遍執行同樣的折疊模式，折疊得愈來愈小，再裝進直徑大約只有 DNA 鏈長度百萬分之一的細胞核內。這些是可在自然界找到的碎形，最簡單的碎形是自我相似的形狀，比如說佘賓斯基三角形。

上頁佘賓斯基三角形右邊的圓形圖，是義大利某座大教堂裡 13 世紀時的鑲嵌，圖中有六個和彎曲型佘賓斯基三角形近似的形狀，周圍還有許多更小的三角形環繞著。[3]（為了畫出這張圖，我一邊測量一邊畫出主要特徵，然後靠眼睛把其餘部分填滿。這花了一些時間。但原作是手工雕刻的，一塊接一塊，然後拼在一起。當我想起這件事，我花一個小時左右來畫這張圖似乎就不算久了。）

藝術家思考自相似性已經好幾個世紀了。為什麼呢？因

為自然界的許多事物都展現出自相似性，而藝術家是細心的自然觀察家。

比較近期的自相似性例子，是薩爾瓦多・達利1940年的畫作《戰爭的面貌》（*The Visage of War*），這幅作品描繪出西班牙內戰的極度恐怖。我們在達利的畫作裡看到一張臉孔，眼窩和嘴巴裡有臉孔，這張臉孔的眼窩和嘴巴裡還有臉孔，以此再繼續延伸幾個層次。這個模式很像佘賓斯基三角形的模式──有個重複出現的特徵三角形，在這個例子中分別位於左上角、右上角和下方正中間。達利的原作比這張圖駭人多了，一顆沒有身體的頭顱兩旁還有纏在一起的蛇盤繞。[4]

在一張試畫的草稿上，只有嘴巴裡畫了另一張臉孔，一邊的眼窩裡畫著年輪，另一邊畫著蜂巢。達利發現，自我相似的重複出現是刻畫無限概念的有效方式。

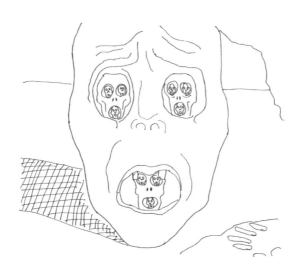

達利找到一種鑲嵌，來象徵隱藏起來的無限。比達利早五百年的義大利建築師布魯涅列斯基（Fillipo Brunelleschi），已經發現一種表現物體外觀的幾何方法。1415 年，他在透過鏡子和針孔的巧妙實驗指引下，畫出了弗羅倫斯的洗禮堂，可說是文藝復興時期（重新）發現透視幾何的早期例子，也許還是第一個例子。[5] 有些藝術史學者認為，古希臘和古羅馬的藝術家已經理解透視法的幾何學；還有一些人認為古人對透視法的理解很原始。中世紀藝術經常把外形的大小和宗教或政治重要性搭上關係，卻不顧相對位置。布魯涅列斯基的看法是，繪畫應該呈現出物體在我們眼中的樣子。透視幾何是關鍵。

　　對照之下，四個維度的幾何學看起來並不是源於我們的經驗，因此有時被認為是無法理解的。數學家湯馬斯・班喬夫（Thomas Banchoff）的《越過第三個維度》（Beyond the Third Dimension）是很精采的入門書。[6] 要了解四維的正方體，或稱「超立方體」（hypercube），有許多方法可用，班喬夫描述的是開摺法。正方體（是指正方體的表面，而不是內部）可以展開成六個正方形，如頁 30 左圖所示。班喬夫示範了超立方體可以展開成八個正方體，如頁 30 右圖所示。為什麼超立方體的邊界由八個正方體組成？我們會在附錄中解釋這件事，但下面這串論點也許就能讓你信服：（二維）正方形的邊界是四條（一維）線段，而（三維）正方體的邊界是六個正方形，所以（四維）超立方體的邊界是八個正方體。

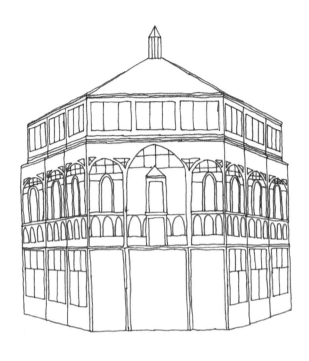

　達利對科學和數學著迷是出了名的；班喬夫和達利曾經會面，討論四維的幾何，而且後來繼續與達利通信。藝術和幾何是天生的盟友。達利 1954 年的畫作《超立方十字架受難》（*Corpus Hypercubus*），運用一個展開的超立方體當作十字架，如頁 31 所繪。[7]

　這怎麼成了學幾何的理由？或許你可以和達利談談。嗯，不是跟達利，因為他在 1989 年去世了，不過也許你可以和其他名人談談。我在新哈芬（New Haven）舒伯特劇院的後臺，和喜劇演員狄米崔·馬丁（Demetri Martin，新聞嘲諷類節目《每日秀》的班底之一）共度了一段時光，因為他還

在當學生時修過我的碎形幾何課。

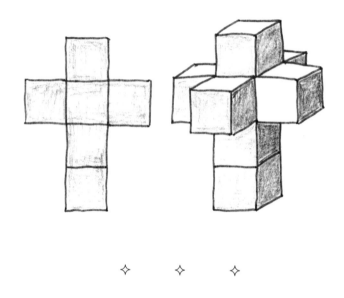

◇　　◇　　◇

舉最後一個例子，我們先回到大約 2300 年前，從古希臘數學家歐幾里得（Euclid）的故鄉亞力山卓（Alexandria）開始談起。歐幾里得把幾何學的要素集合起來，所以我們在高中學到的幾何就叫做歐氏幾何（Euclidean geometry）。這門幾何學的每個部分，包括尺規作圖，和三角形有關的大量定理等等一切，都產生自五個假設，稱為「歐氏公設」（Euclid's postulate）。前四個公設簡單又容易相信：任意兩點間都可畫一條線段，線段可以往同一個方向隨意延長，以每條線段為半徑都可畫出一個圓，凡是直角都會相等。

第五個稱為「平行公設」（parallel postulate），情況就不

同了。它是說，對於直線 L 外的任何一點 P，恰好有一條直線 M 通過 P，而且 M 永遠不會和直線 L 相交。我們說 M 與 L 平行。這是說得通的：如果把直線 M 往任一方向傾斜一點點，M 最後都會和 L 相交。

平行公設和歐幾里得的其他四個公設不同，也更為複雜。進入 19 世紀之後，有些數學家想盡辦法證明平行公設是其他四個公設推導出來的結果。這些嘗試注定失敗，因為平行公設在一些幾何系統中是錯的，稱為非歐幾何（non-

Euclidean geometry）。[8]

　　艾雪（M. C. Escher）在1959年的版畫作品《圓極限之三》（*Circle Limit III*，如次頁所繪）中使用到非歐幾何。[9]有一段時間，艾雪嘗試各種方法，想在有限的區域裡呈現無限。西洋棋盤式的鑲嵌暗示無限延伸的模式，但艾雪想尋求比暗示更好的東西。

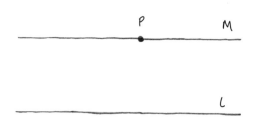

　　才華橫溢的法國數學家龐加萊（Henri Poincaré）發展出來的龐加萊圓盤（Poincaré disk），提供了答案。在這裡，整個無限平面被壓縮到一個圓盤內：愈靠近圓盤的邊緣，尺縮得愈小（至少在我們熟悉的歐氏幾何中是更靠近）。用這把龐加萊尺測量起來，從圓盤中心到邊緣的距離實際上是無限大，而且龐加萊圓盤的面積也是無窮大。和歐氏幾何的差別不止這些。在龐加萊圓盤中，直線以兩種形式出現：有穿過圓盤中心的直線，也有與邊界相交成直角的圓弧。

　　但等一下，圓弧線是直線嗎？這正是說明一種數學發展重要方式的例證。先取某個背景當中的一個概念，例如平面上的直線，然後想出如何把這個概念帶到另一個背景中。直

線的哪個層面可以一般化？在歐氏幾何中，直線是兩點間最短的距離。我們就來運用一下。如果你搭過長途飛機，可能已經知道這種一般化的實例了。球面上的大圓就是任何一個以球心為圓心的圓，經線都是大圓弧線，而緯線當中只有赤道是大圓弧線。在球面上，兩點間的最短距離是通過這兩點的一段大圓弧線。在一顆球上拉開橡皮筋，連接球面上的兩個點，橡皮筋就是這兩點之間「在球面上」的最短路徑，而這條最短路徑會是一段大圓弧線。

為了把飛行時間和燃油消耗量縮減到最少，長途空中航線都是地球表面上的大圓弧線。舉例來說，洛杉磯的緯度是北緯 34.1 度，莫斯科的緯度是北緯 55.8 度，然而這兩座城市之間的航線卻會經過北緯 70 度的格陵蘭北部。

言歸正傳，回來看龐加萊圓盤。用龐加萊尺測量距離的話，兩點之間的最短路徑要不是圓盤直徑的一段，就是連接兩點且垂直於圓盤邊界的一段圓弧。從這層意義上說，這些都是龐加萊圓盤中的直線。

為什麼這個幾何不是歐氏幾何？在龐加萊圓盤中，我們看到對於已知線 L 外的一點 P，會有許多條，實際上是有無限多條和 L 平行的線（也就是永遠不會與 L 相交的線）通過 P，次頁所繪的兩條線 M 和 M' 就是兩個例子。

你可能還記得，在上幾何課時學過一堆保證兩個三角形全等的定理（SAS 聽起來可能很耳熟吧），全等的意思就是，這兩個三角形形狀相同（相似），大小也相等。在龐加萊圓盤中，這又更容易一些：相似三角形永遠全等。於是，我們在艾雪的版畫作品中看到，靠近圓盤邊緣的魚愈來愈小，但用龐加萊尺測量起來卻是一樣大。

艾雪在數學家考克斯特（H. S. M. Coxeter）的一篇論文裡，看到一張龐加萊圓盤的圖，兩人就開始通信，討論非歐幾何。艾雪在《圓極限之三》的創作上雖然動了一些藝術手法，正如考克斯特指出的，圖中的曲線並不完全是非歐幾何的線，然而他的靈感就完完全全來自數學。

現在來說說我所速寫的圖。在艾雪的圖像中，小魚一路延伸到邊界。也不完全是，因為那樣就會需要無限多條魚，但艾雪持續得比我久多了。我必須提一提他採用的不利程序。我先前注意到佘賓斯基三角形大教堂鑲嵌背後的細活，然而如果其中一塊磚雕刻得不對，假設石塊供應充足，工匠就可以直接雕刻另一塊。艾雪的作品是一件版畫；他把這些魚全部雕刻在一塊木版上，出一個錯誤就有可能毀掉整件雕刻品，而不僅僅是一小塊。在尋找激發出耐心的動力時，不妨想想這一點。

幾何是我們替這個世界、它的形狀，和動態建立模型的方式。但這難道不是結果未定，要視情況而定嗎？我們的模

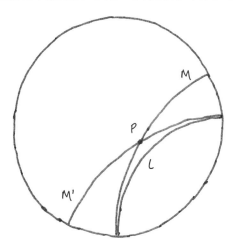

型是不是本來會產生截然不同的結果？如果曼德布洛特的碎形幾何比歐氏的幾何學早發現，製成品會一樣嗎？如果你認為這個問題很牽強，不妨想想我們的呼吸系統、循環系統和神經系統的反覆分支，我們的 DNA 不斷重複的摺疊，或是我們的肺部和消化道的大表面積與小體積。演化已經發現並在運用碎形幾何了，如果人更仔細觀察自然界的幾何學，而不是效仿基督教教會在解釋歐幾里得和亞里斯多德的著作時強加的「天球完美性」，我們的構築現在可能會大不相同。

　　不同文化的宇宙論明顯不同，是在反映不同的看法和幾何系統，還是各自歷史敘事中的可選擇路徑？除非只有一個幾何系統，只有一種敘述，只有一個世界，否則我們不該以為可用同樣的類別劃分我們的宇宙觀。

　　這實際上是我們的主要觀點的開始。世界會不會和我們所想的不同？它是不一樣的嗎？它一定是只有一種情形，還是說可能會有很多種？如果我們用一種方式觀看世界，會不會從此就不讓我們用其他方式觀看了呢？就像尚‧卡羅（Sean Carroll）在迷人的著作《深藏之物》（*Something Deeply Hidden*）裡清楚描述的，在量子力學的多重世界模型中，針對每個粒子所做的每次觀測，都會讓宇宙分岔，每種測量結果會出現在一個分支裡，而這些分支之間不可能交流。[10] 所以在物理學上有一個模型，只要做了其中一種選擇就做不了其他的選擇。這種分歧會不會散布到人、雲朵和貓的世界？我們會在進行過程中好好思索一番。

這又會把我們帶回到悲傷，一種對永久失去的反應。仔細探究一種幾何系統，會不會讓我們對世界形狀的理解有不可逆轉的偏頗？夢想與探索之間的距離，在數學科學中通常會比在實驗科學中小得多。在任何一門科學裡，你必須學會相關技術，但在數學中，你不必設計實驗、組裝儀器、送倫理審查（如果打算利用活生生的受試者）、執行安全檢查，然後做實驗、收集數據並解釋結果。在數學中，開始思考就行了。好吧，現在你偶爾會寫寫程式，跑跑模擬實驗，但這也是在腦中進行，而不是身體上，除了把程式輸入電腦之外。我們所探索的世界都在腦袋裡。因為聚焦於一個世界而阻礙我們探究其他世界的這種潛在損失，是數學研究上的悲傷根源，這種悲傷的程度和失去一個人或一隻動物不能相比，但我認為情感是一樣的。

現在你可能會覺得這很愚蠢。到底損失了什麼？難道我們不能隨時換個方向思考嗎？就某種意義上可以，但我們一旦看出一種觀看世界的新方式，就不可能視而無見。我會透過碎形幾何當中的例子來說明這一點，如果你不喜歡幾何，可以換成你喜歡的複雜學門。

先暫且忽略下頁圖中的方格線，你認為這個形狀看起來很複雜還是很單純？如果你覺得它看起來很單純，應該就能精準描述要如何繪製。你可以描述嗎？

現在來看方格線。請注意其中五個方格是空白的。結果，我們必須知道的幾乎就只有這件事：記錄這些空白的方

塊，然後就可以生成這個形狀。步驟相當簡單，從四乘四的方格開始。首先，讓五個空白的方格繼續空著，而把其他十一個完全填滿。這是下頁最上面的左圖。第二步，把這張圖縮小二分之一，然後擺放四份，一份擺在左下，一份在右下，一份在左上，一份在右上。這是中間的圖。第三步，從中間的圖剪掉左圖裡五個空白的大方格。這就產生了右圖。

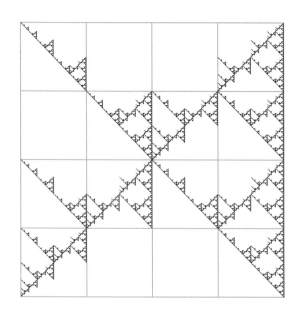

接著，重複第二步和第三步，每次都從剛產生的圖開始：拿前一次迭代最後產生的圖；縮小二分之一；把這個縮小版分別放在左下、右下、左上和右上；然後再次挖空原圖裡五個空白的大方格。在圖中，我們看到原始的 4×4 圖像，以及前五次重複做這個步驟的結果。每重複一次，形狀就更

接近我最初讓你看的那個圖。你可能會注意到，小塊看起來很像整個形狀，如果你認為這是碎形，那你就說對了。[11]

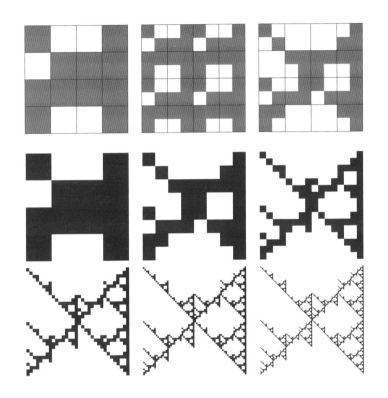

你可能會把這看成是「碎形雕塑」。據說米開朗基羅說過，每塊石頭裡都有一尊雕像。雕刻家的困難工作就是去找到那尊雕像。我們在這裡看到，只需要空白方格和一個不斷重複做的程序，就能創造出這個碎形。產生的成品看起來可能頗複雜，但從這個觀點來看，又相當簡單。某樣事物表面的複雜程度，取決於我們使用的分析工具，這點應該不足

為怪。

一旦學會辨認物體的碎形層面，你的看法就永遠改變了。這些年來我收到許多電子郵件，都是我的學生的室友寫來抱怨同一件事：「每次我們走去上課，只要我的室友看到蕨類、一朵雲或人行道上的裂縫，我們的對話總會被『這裡有碎形』、『那裡有碎形』打斷。不要再說碎形了！你毀了本來好好的對話。」我因為用幾何玷汙歷史本科的心靈而受到譴責。

我確實認為，這些模式一旦辨認出來，就不會不被注意到。它們永遠改變了世界圖像在我們腦中的呈現方式，永遠改變了我們建立的模型的類別。

我在高中的幾何課遇到第一個實際的例子。我們花了不少時間學習尺規作圖，這些都是古希臘人非常喜愛的難題。我們已經學會怎麼把已知線段二等分、三等分、四等分，或分成長度相等的任意多段。然後我們的老師（雷夫）格立菲先生告訴我們，古希臘人發現了他們無法解決的三大難題：三等分角（作出一個角，使它的大小等於已知角的三分之一），化圓為方（作出一個正方形，使它的面積等於已知圓的面積），以及倍立方（作出一個立方體，使它的體積是已知立方體體積的兩倍）。

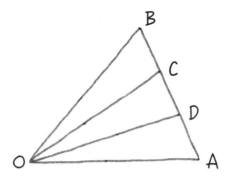

　　為這些難題絞盡腦汁的時候，我突發奇想。取∠AOB，也就是直線 AO 與直線 OB 的夾角（見上圖）。我心想，要把∠AOB 三等分，那就把線段 AB（連接 A 點和 B 點的那段直線）三等分呀。也就是在 AB 上找到 C 點和 D 點，使 BC 的長度等於 CD 的長度等於 DA 的長度，這正是我們剛學到的。接著我猜，∠AOD、∠DOC 和 ∠COB 會相等，因此 ∠AOD 會是 ∠AOB 的三分之一。這個簡單的想法，其實也是任何人腦中會閃過的第一個念頭，不知為何在兩千年裡都沒人注意到，我並不覺得這很奇怪或不大可能。那個疑慮我根本就沒有想過。我彷彿瞥見了報紙頭條新聞標題：「本地學生解開懸宕兩千年的數學難題」。

　　我把我的作圖拿給格立菲先生看。我用便宜的圓規畫了一張小圖，用我的量角器來量，那些角看起來差不多相等。格立菲先生用比較好的圓規畫了一張比較大的圖，用他的量角器，可以看出那些角是不相等的。格立菲先生並沒有說：

「如果有那麼容易，你不認為兩千年前就會有人想出這個辦法了嗎？」相反的，他很高興我嘗試了。

我以為幾何學家只是沒有找到正確的思路。不是的，格立菲先生說，我們可以證明有些問題是不可解的。什麼？問題怎麼可能解不了？但更令人吃驚的是，我們怎麼知道問題不可解呢？用盡各種方法都解決不了。有個證明可說明某些定理是無法證明的，這件令人頭昏的事實是我在隨後三年還學不到，[12] 而要到很多年後，我才會明白這三大幾何作圖題是不可能辦到的，[13] 當中牽涉到的數學複雜又高明——也難怪古希臘人想不出來。

我在高中的時候不知道這些，如果我什麼都曉得，我就會知道物質世界裡不可能發生的事。我不可能像鳥一般拍動臂膀飛向月球。沒那麼愚蠢的目標，我也做不到：我笨手笨腳的，舉止不文雅，甚至沒有才能。但幾何學——有些事情在幾何學上不可能辦到，這點讓我感到不安。怎麼會有再努力也解決不了的幾何問題呢？讓這件事實存在的宇宙，似乎出了什麼嚴重的問題。

我問格立菲先生，要如何證明數學作圖是不可能做到的。他沒有試圖解釋三等分角的證明，反而給我看「2 的平方根不能寫成整數比」的證明，這個證明是另一個動搖古希臘幾何學根基的結果。證明過程乾淨俐落、清晰又優雅。（還牽涉到一點點代數；你可以在附錄找到這個證明。）格立菲先生徐緩地講解，引導我添補幾個步驟，讓我很開心。

那天晚上，在認真思考過這個漂亮的證明的過程中，我領悟到幾何學也是有界限的，我糾結了大概十分鐘，然後我明白這些界限反而讓幾何變得更有趣。只是多年下來我都還不了解到底多麼有趣，現在也仍然沒有參透。原來我以前認為的世界地圖，只是這張地圖的一小角。

隔天走去學校的路上，我又把那個證明的過程想了一遍。拼圖散塊仍然完美地拼湊在一起了，但我已經失去最初茅塞頓開而產生的興奮感，有些人稱之為頓悟時刻（aha moment）。在那一刻，觀察結果或想法會自行重新安排，然後你看出了一個新的模式，此時清晰可見，但以前看不見。想法的新安排方式會留在你身邊，但頓悟不會。對於任何一個模式，最多會讓你得到一個頓悟。

在我教碎形幾何時，第二次上課會出現那個學期最重大的頓悟時刻。那一刻的要素，是一系列把一幅貓繪圖變成奈賓斯基三角形的圖片。[14] 幾週後我們探討其他的主題，有些相當複雜，但學生都會抱怨，說他們想看更多像第二次課堂上講到的那種神奇結果。

但另一方面，為了贊同舊的安排而無視新的安排（碎形），可能會是艱巨的挑戰。我想我彷彿已經聽到「我好懷念以前只要欣賞一棵樹很漂亮的時光，現在我都忍不住尋找讓這棵樹成形的變化」這句話的一百種說法。這些學生認為，環保先驅約翰・繆爾（或瑞秋・卡森或愛德華・艾比）不懂碎形是好事。如果沒有嚴重的頭部損傷，就絕不可能對

新觀念視而不見。

從 1957 年 1 月至 1986 年 6 月替《科學美國人》雜誌寫「數學遊戲」專欄的馬丁・葛登能（Martin Gardner），寫了一本數學問題書《啊哈！有趣的推理》（*aha! Insight*）。[15] 書裡的問題很巧妙，有「跳脫傳統思維」的答案，如果你喜歡數學謎題，就會從中得到樂趣。不過，這些小規模的頓悟時刻並不會永久改變我們觀看世界的方式。

還是說會產生不可逆轉的改變呢？它們會不會重新塑造我們讓想像力帶著我們避開簡單明確卻過度複雜的思路的方式，而不是我們觀看整個世界的方式？我會用一個叫做「熊蜂問題」（bumblebee problem）的謎題來說明這件事。

請你想像一條東西向的筆直鐵路，全長 50 英里。在鐵道西端有一個火車頭，將以每小時 30 英里的速度向東行駛；在鐵道東端有另一個火車頭，將以每小時 20 英里的速度向西行駛。兩個火車頭都會在中午啟程。正午時，還有一隻熊蜂會從東行火車頭的前方出發，以每小時 70 英里的速度往東飛，等牠遇到西行火車頭時，會掉過頭朝西飛，飛到遇到東行火車頭時再掉頭往東飛，飛到遇到西行火車再掉頭，以此類推（見次頁的圖）。兩個火車頭一路上都沒停下來。這個謎題要問的是：這隻熊蜂總共要飛多少距離，才會夾在相撞的火車頭之間動彈不得？

我第一次聽到熊蜂問題是在七年級的時候。那年，有兩位航太總署（NASA）的工程師到我就讀的聖奧班斯初中參

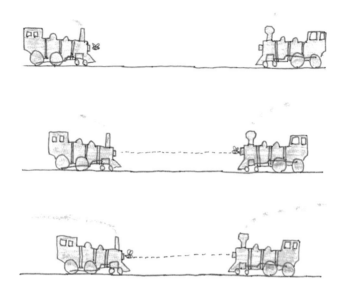

訪。來招募科學與數學方面的資優學生吧，我猜。午休的時候，我的科學老師來找我，要我在他們當天下午演講之前和他們聊聊。其中一位工程師解釋了熊蜂問題，還問我能不能解出答案。

行啊，當熊蜂朝西行火車頭飛時，牠和那個火車頭的相對速率是每小時 70 + 20 = 90 英里。兩者都必須行進 50 英里的距離，所以熊蜂與西行火車頭相遇的時間是 50/90 小時後，也就是 33 又 1/3 分鐘。我知道熊蜂的速率及飛行時間，就能求出牠的行進距離：距離＝速率 × 時間。

我也可以算出各火車頭在這段時間內行駛了多遠。把最初的 50 英里減掉這些距離的總和，就會得到熊蜂和東行火車

頭相遇前必須飛行的距離。那時我已經學了幾何級數（也稱為等比級數），也就是把無窮多個項相加起來的問題，而相加的每一項都是前一項的固定倍數（即公比），例如 1 + 1/2 + 1/4 + 1/8 + ... 是公比為 1/2 的幾何級數。如果你能認出模式，找到公比，那就會有個簡單的公式可算出級數和。但要找到熊蜂問題的公比沒那麼容易，我用紙筆大概花一個小時可以算出來。所以我知道解決這個問題的一種方法，而且這種方法一團糟。

但我沒有紙筆，而那位工程師剛才問我能不能解出答案。他並不是說：「想想看。」他似乎現在就想要答案。有什麼是我沒注意到的？如果我忽略那隻熊蜂，只考慮火車頭呢？兩個火車頭要行進 50 英里，它們的相對速率是每小時 50 英里，所以會在一小時後相遇。可是等一下，那隻熊蜂的飛行時速是 70 英里，因此牠一個小時就會飛 70 英里。這個問題就只有這樣？沒有複雜的等比級數嗎？所以我說：「70 英里。」兩位工程師都笑了。其中一位要我大學畢業後去拜訪他們，但我沒有去拜訪他們。如果我去了，我後來會是什麼樣子？

再早幾年，曾有人跟才華橫溢的數學家馮諾伊曼（John von Neumann）提到熊蜂問題。馮諾伊曼參與了在新墨西哥州洛沙拉摩斯（Los Alamos）進行的曼哈坦計畫（Manhattan Project），他是愛因斯坦在普林斯頓高等研究院的同事，也是現代電腦設計方面的核心人物。碎形幾何的發明人曼德布

洛特，是馮諾伊曼在普林斯頓收的最後一位博士後研究員。馮諾伊曼從小就可以心算出兩個八位數的乘法，他在聽到熊蜂問題後，望著前方出神幾秒鐘，然後說出答案。發問人說：「這麼說，你看出竅門了。」馮諾伊曼回答：「什麼竅門？我算出了級數和。」在這個例子中，優異的心算才能讓馮諾伊曼看不到比較簡單的解決方法。

我在放學回家的路上回想這個問題時有了轉變，現在我知道有些問題能用好幾種解決方法，而最先想到的方法也許會過分複雜。

小小的頓悟時刻（科學家大概會稱為局部頓悟時刻），就是找到解決這個問題的訣竅。重大或整體的頓悟時刻，是領悟到解決問題的第一種方法未必是你想繼續進行的方法。在那之前，我只要看到解題策略，就會一頭陷進去開始做，即使在四十五年後的現在，找到第一個策略也能讓我們喘口氣，讓想像力繞著這個問題起舞。還有別的解法嗎？當我們在課堂上開始討論一個複雜的問題，在我們找到第一種解法之後，我會請學生找另一種解法。有些人會納悶：「為什麼要找？」因為我們可能會找到更簡單的解題方法，因為拿兩種解法比較一下，偶爾可以讓我們看到先前看不到的層面。我一轉過這個彎，就不會往回走了。我想，我希望，我的一些學生抓住要點，儘管大多數人看起來不確定他們應該花時間尋找第二種解法。許多人抗拒這種對於解決問題的新看法。

那麼，眷戀熟悉的思維模式是不是代表我們不該學習新事物呢？我們當然應該學習新的東西。舊的觀看方式是關上了，因為新的觀看方式打開了，這是我們必須穿越世界的方式。但關門的必然性不該誘導我們欣然接受自己對可選擇的解題方法和解釋的無知。儘管人生中就是會一再失去，但沒經過審視的失去糟糕得令人受不了。

現在你可能會對幾何讓我們洞悉自己如何了解自然界感到有點驚訝，但這本書的目的不同，至少關注的目標不同。我的目的是指出幾何能讓我們洞悉自己如何理解失落感。為了預先顯示這種思路，我們現在先來說明，幾何在詮釋文學方面可以帶來驚喜。

波赫士（Jorge Luis Borges）在 1940 年所寫的故事〈環形廢墟〉（In Circular Ruins），收在小說集《迷宮》（*Labyrinths*）中，所占的篇幅只有 5 頁出頭。[16] 這篇出色的小說講到一個人夢見另一個人進入清醒的世界，大概是這樣。如果你還沒讀過這個故事，應該找來讀一下。

我們知道波赫士很熟悉數學，[17] 悖論和謎題令他著迷，尤其是牽涉到無限大的悖論和謎題。[18] 我們在視覺藝術中找幾何表現的方式，會比在文學中的方式更直接。這點毫不意外：視覺藝術的媒介正是我們看得見的形狀和看不見的形狀，正空間與負空間。我們可以同時看一整幅畫，也可以決定把目光放在畫布上的某個區塊。但另一方面，文學像音樂一樣是按順序理解的，除非我們非常了解一首曲子，了解到

能夠完整放進腦海中，否則我們都是一點一滴，一段接一段聽下去。看更大規模的圖案，就需要記憶和推演。我們把重點放在文學上吧。由於我們所知的訊息有限，譬如故事裡所有的文字，也許是作者作品的主體，也許是對作者人生境遇的一些了解，所以我們必須做出推論。我們不能問波赫士本人我們的詮釋對不對，我們只能分析自己的推測和憑據。

〈環形廢墟〉的故事在講一個男子從他位於山腰上無數村莊中的家，往下游走，來到已成廢墟的環形寺院。他的目標是要鉅細靡遺地夢見一個人，還要把這個人添進這個世界。第一次嘗試是夢見一群學生，然後選了當中大有可為的一人，結果失敗了。但第二次成功了，花了一年時間按生理結構來做夢，一個器官接著一個器官做出了一個人。寺院之神，同時又是馬、老虎、公牛、玫瑰和暴風雨（這正是說明波赫士如何發揮想像力的好例子，用意想不到的方式轉折的簡單清單，讓我們喘不過氣來），而他的名字叫做火，把夢中人帶到世界上。只有火和做夢的人知道夢中人是幻影。做夢的人花兩年訓練夢中人，然後把他對訓練的記憶消除掉，再送他到上游的第二座寺廟廢墟，也是一座拜火神廟。過了一段時間，做夢的人聽說上游某座神廟裡有一位魔法師，沒有受火影響。夢中人會領悟到自己在人的夢中嗎？然後火包圍了做夢的人的寺院，但對他沒有影響。做夢的人意識到他夢見的是自己。

◇　　　◇　　　◇

夢見夢中人的人是夢中人自己的這種安排，就是我們想解釋的。幾何學能幫我們找出隱藏在這個故事裡的新事物嗎？做夢的人是夢中人，可以引出幾種幾何結構。

1. 一次性的。做夢者和夢中人是整個故事，只有這樣而已。
2. 做夢者不斷進行下去。做夢者和夢中人是做夢者夢見其他做夢者這個無窮序列的一部分。
3. 周而復始。做夢者和夢中人是同一個，時間是循環的，考慮到接連繞圈旅程中有些干擾，一些變動。
4. 有一個（莫比烏斯）扭轉的循環。做夢者夢到夢中人，而夢中人夢到做夢者。

我們接下來會依次考慮各個結構。要記住，我們是在推斷我們覺得每個幾何結構會怎樣符合波赫士的想像。其他讀者也許會得出其他的結論。

一次性的。有一個最早的做夢者夢見了故事的主角，所以這個最早的做夢者夢見做夢者，而做夢者又夢見夢中人。但夢中人……沒有夢見什麼人？這個冷酷、粗俗、不對稱的故事結構，來自波赫士的想像力，我們無法相信，這位最得

體的故事作者竟會用他的優美散文，為這樣一個平凡的構想服務。

做夢者不斷進行下去。有個老故事是說，有一位科學家在某次天文學演講結束後，有聽眾來告訴他，事實上地球是由四頭巨象馱在背上，巨象又站在一隻巨龜的背上（此科學家可能是羅素或薩根——許多科學家的大名都曾填進這個故事中）。科學家笑容可掬地問聽眾：「那麼巨龜又站在什麼東西上面呢？」得到的回答是：「你很聰明，巨龜當然是站在另一隻巨龜上啊。」

我們不知道波赫士是否熟悉這個故事，但最晚從 19 世紀中葉以後這個故事就以各種形式在流傳了。波赫士確實很熟悉無限大的基本運算。[19] 我們找到兩個原因，說明波赫士的故事不大可能以這個模型為基礎。

第一個原因我們可稱為波赫士的公平競爭意識。如果有無限多個做夢者和夢中人，他怎麼會只告訴我們兩個，而沒暗示還有其他的？沒有概述他們的故事，一個與另一個的關係，什麼都沒有。如果無限多個其他角色永遠不為人知，甚至連原則上都是不可知的，那麼只講兩個角色有什麼意義？當然，波赫士熟悉「奧坎剃刀」，這個法則的通常說法是「最簡單的解釋是最有可能的」，但奧坎的威廉（William of Occam）的原始陳述（從拉丁文翻譯成英文）是：「Entities must not be multiplied beyond necessity.（若無必要，勿增實體。）」對於我們正在做的應用來說，這幾乎是完全正確的：

數不清的無關角色，和符合奧坎剃刀的結構，是相去甚遠的。[20]

第二個原因是，時間的安排會成問題。〈環形廢墟〉裡的做夢者留在他對現實的幻覺中的時間，比他夢見的人還要久。向未來走，這些時間變得更短，最後會短得不可思議。往回走，這些時間變得更長，這也是個問題。

周而復始。做夢者和夢中人有可能是同一人嗎？這會把故事變成一個循環。[21]波赫士對循環時間的概念很熟悉，事實上，他寫過一篇題為〈循環時間〉（Circular Time）的散文。[22]在那篇散文裡，他提出了一個基本的因素：「相似但非相同循環的概念」。每次繞圈都可以顯示出與前一次循環的適度變異。但有多適中？做夢者和夢中人在進入他們的寺廟廢墟前有不同的經歷，這就是個適度的差異。關於做夢者，我們讀到：「如果有人問了他自己的名字或他前世的任何特徵，他會無法回答。」關於夢中人，則是：「他（做夢者）讓他（夢中人）完全遺忘了他的學徒歲月。」兩人都不大知道他進入寺院前發生了什麼事，所以這種差異對故事的開展無關緊要。

另一方面，做夢者和夢中人在思考他們自己是否真實存在所花的時間長短大不相同。這種差異可能會對他們的故事產生相當大的影響（怎麼可能不會呢？），所以我們認為這種差別很重要。做夢者和夢中人不可能是同一人，波赫士的故事無法證明循環幾何結構。

有一個扭轉的循環。到目前為止，我們已經假設有兩個不同的角色了，即做夢者和夢中人。在第一個情境中，我們提出對稱性的問題，具體來說就是：為什麼夢中人沒有夢見其他人？為了避免做夢者有無限多個，也就是第二種情境中提到的問題，解決辦法顯然是一個迴圈：做夢者夢見夢中人，而夢中人夢見做夢者。我繪製的示意圖用到莫比烏斯帶（Möbius band）這種形狀的幾何結構來呈現這件事；莫比烏斯帶是一種只有一條邊和一個面的形狀。（也許你還記得以前在數學課或美術課學到的莫比烏斯帶：拿一段細長的紙條，把其中一端扭半圈之後，再把兩端黏起來。）我們可以

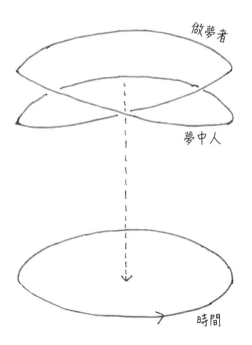

把這個莫比烏斯帶的每個點投射到它的時間，時間用一個圓表示，這樣每個角色都可以夢到對方。正如我們在第三種情境提到的，波赫士很熟悉循環時間的概念。現在我們不需要整條莫比烏斯帶：在這個圓上任何一點（也就是在特定時間）的上方，我們只需要兩個點，一點代表那個時間的做夢者，另一點代表那個時間的夢中人。嚴格說來，這個故事構成了莫比烏斯帶的邊界。不可否認的，在做夢者第一次嘗試夢見一個人化為真實的那段時間裡，夢中人是個可能發生的夢，而不是真實的夢。我們認為這是簡單的變異，符合我們在文學結構中尋找幾何的「夠接近」標準。

幾何因素讓我們走到了這個地方。故事的最後一句話「他明白自己也只是個表象，在別人的夢中，這讓他如釋重負，同時又感到屈辱與恐懼」，並不是這個故事的結束，儘管故事裡已有伏筆，還是像初次讀到一樣怵目驚心。這個故事沒有完結：它是個自主的宇宙，自我生成，陷在同一個循環中，但可能會出現小小的變動。波赫士在他的文章〈循環的信條〉（The Doctrine of Cycles）中推測有限宇宙的循環本質，同時提出一些相關的計算結果。幾何學讓我們推斷，〈環形廢墟〉是這種永恆重現的敘事表現。

我們準備用永恆重現提供的體悟來結束這一章，這個體悟和我們在拋出「無窮」一詞時應有的謙卑有關。我們要談論的不是時間上的重現，而是我們自己在空間中的變種分身，如果空間是無邊無際的話。我們只看得見無限空間的一

小部分，也就是現在可以從地球上看到的「可觀測宇宙」（observable universe）。從大霹靂（Big Bang）發生以來，已過了約莫 140 億年的時間，加上早期宇宙暴脹（inflation）的影響，可觀測宇宙的直徑就有大約 930 億光年。（為什麼不是 280 億光年呢？這就是暴脹發揮作用的地方。）

如果空間是無邊無際的，那麼它就充滿了許許多多（事實上是無限多個）平行宇宙，這些宇宙對於離我們很遠的其他世界來說也許是可觀測的，但我們本身觀測不到。這整個集合體稱為「多重宇宙」（multiverse）。唯一的其他假設是，在非常大的尺度上（例如遠遠大於星系團的尺度），物質大致均勻分布在空間中。對可觀測宇宙的測量結果也暗示了這一點。馬克斯・鐵馬克（Max Tegmark）在他替《科學美國人》寫的文章〈平行宇宙〉中解釋過，後來又在他的《我們的數學宇宙》（*Our Mathematical Universe*）一書中解釋得更詳細，從這兩個假設（無限空間，物質均勻分布），我們會在距離約 $10^{10^{118}}$ 公尺（一個非常大的數字 [23]）的範圍內，發現另一個與我們的宇宙一模一樣的平行宇宙。[24] 在各方面都完全相同──每個量子態都跟我們的可觀測宇宙沒有差異。我們會在那裡找到你的分身：同樣的大腦結構、神經連結、記憶，全和你一模一樣。此外，這個完全相同的宇宙有無限多個分身，你也有無限多個分身，然而這不是我想在這裡提出的重點。

首先來說說一些宇宙學家（包括鐵馬克）認為這些平行

宇宙中有什麼東西。大霹靂發生後不久的能量波動，會導致初始條件有一定的隨機性，所以如果我們看得夠遠，就會看到不受物理定律禁止的每一種可能安排。

如果空間真的是無限大的，那麼在很遙遠的距離外，會有跟我們的可觀測宇宙完全一樣的平行宇宙，只不過在這個版本中⋯⋯在課堂上，我會從桌上拿起粉筆，然後問：「我會不會讓粉筆掉下來？」有些年我會，有些年我不會，不論我會不會放掉粉筆，接下來我都會說：「在遠得不得了的地方還有一個和可觀測宇宙一模一樣的分身，只是在那個版本中，我會對那根粉筆做相反的事。」

但不只有我和這根煩人的粉筆。想想你生活中的每一個可能變動。每個微小的變化都有一個平行宇宙，在當中除了那個變化及其結果，其餘一切都是相同的。而且還不只有你的生活，而是每個人的生活，不只是一個變化，而是許多變化的所有組合。不僅僅是我們生活中的變化，還有每一片葉子，每一粒沙子，每個行星上的所有東西，每個恆星內部的每個電漿漩渦，每一個散布在黝黑虛空中的星系旋臂裡的變化。

然後再想想這個。即使我們知道如何運用關於無窮的數學，又怎麼能認為我們「了解」無限呢？教我的其中一隻貓 Bippety 了解廣義相對論的場方程式，可能都比這更容易做到。「來，Bippety，共變導數的定義就像這樣。」不會成功的。

在我們繼續之前，還有最後三件事要說。鐵馬克的《我們的數學宇宙》書裡，提出下面這個觀點：宇宙不只是可用數學模型準確模擬出來，更應該說，宇宙就是數學。這種觀點科學界還沒有普遍接受，儘管我仍然不能說相信，但它的概念很有意思。

在跳這支舞時，我們可以換舞伴，用無限的空間換無限的時間。熱力學第二定律說，在封閉系統中，熵（度量系統亂度的指標）通常會變大或維持不變，而這個定律蘊涵了一件麻煩事：熵變大就意味著它在過去比較小，而在大霹靂發生時更是小很多。低熵形態不如高熵形態來得常見，因為讓系統變混亂的方法比變得有秩序的方法多得多。舉例來說，可讓你的咖啡杯完好無損（非常有序、低亂度、低熵）的方法只有一種，但會有一大堆方法讓你的咖啡杯破損（非常無序、高熵）。那麼，在大霹靂發生之時，熵為什麼或怎麼會這麼小呢？用數學定義了熵，根據特定熵的狀態數量寫出這個熱力學統計力學公式的物理學家波茲曼（Ludwig Boltzmann），採取了大膽的方法來思考這個問題。並不完全是針對這個問題，因為波茲曼在 1906 年去世，還要再過許多年，加莫夫（George Gamow）和阿爾弗（Ralph Alpher）才發表他們的大霹靂模型計算結果。[25] 以下是波茲曼的思路。宇宙幾乎一直處於高熵狀態，一種低溫、分散、大致均勻分布的熱輻射，但如果時間無限長，那麼隨機波動終將產生低熵的孤立區域。不管看起來多麼不可能發生，其中一個波動

都將會是熵非常小的一團，在我們看來就像是過去發生的大霹靂，而且（你大概也預料到這一點）不僅僅是一個波動，而是無限多個，還帶有各種可能的變異。

卡羅在《從永恆到此時此刻》（*From Eternity to Here*）這本書描述了波茲曼的方法。[26]這個論點很令我著迷，儘管卡羅到後面就指出幾個反對波茲曼的方法的理由。（不妨在卡羅的書中找找「波茲曼腦」這個關鍵詞，看一下其中一個反對理由的漂亮闡述。）

卡羅也提出另一種很吸引人，但還不是所有宇宙學家都欣然接受的解釋。在量子重力領域（這是「根本」還未充分理解的理論），時空本身有可能會波動，有些波動可能會變成從另一個宇宙分離出來的嬰宇宙（baby universe），從低熵狀態開始暴脹，最後形成另一個宇宙。生成這些嬰宇宙的波動的隨機性，可以產生五花八門的初始條件，所以……你現在已經可以填空了。

你可能會覺得我們偏離悲傷主題甚遠，但其實沒有。在永久失去親人之慟的時刻，想到某個平行宇宙或某個遙遠的未來有我的分身，已找到方法節哀，我就找到了一點慰藉。[27]我希望我可以和那個分身講講話，但當然沒辦法。不過，也許最後我會成為那個人，或是你會變成那個人，然後我們可以進行一番非常有效的對話。

第 **2** 章

悲傷

輕柔地把我們的失去化為淡淡的幽靈。

—— 彼得・海勒（Peter Heller）——

　　有些人認為悲傷不過是極度感傷，但我相信悲傷在心理學上和哲學上都和感傷不同。如果我已經計畫好某天要散步到公園，捧著村上春樹新推出的小說開心讀一個小時，結果那天下了一整天的大雨，我會感傷。這是一種不便，一種失望，但它並不表示不可能：還會有其他天，其他的散步，以及（我希望）村上的其他新作。

　　但另一方面，當我站在母親的靈柩旁，我知道，「我就已經知道」，她不在了。再也沒有閒話家常，再也感受不到母親的擁抱，從孩提時有記憶以來到幾週前的最後一次道

別，這擁抱一直是給我慰藉與安全感的時刻。幾週前，突如其來的中風奪走了她的生命。這是悲傷，是不可逆轉的。

　　母親去世後不久，有個學生請我寫一篇談重力的短文，要放進她正在彙整的課堂作業中。「但實際上，想寫什麼都好，只要提到重力就行了。」於是我寫了重力和母親：

　　　　重力讓我在大地上站住腳。重力使地球繞著太陽運行，太陽繞著銀河系起舞，銀河系穿過本星系群，諸如此類。

　　　　重力讓雨水從天空中掉出來，還有雪花，還有秋天的黃葉。還有我在知道妳真的離世時，從我的眼睛流下的淚。妳去哪裡了？為什麼我再也見不到妳了？為什麼我記不得妳的臉？

　　　　誰能無視重力？鳥兒不能，牠們只是比我們更能違抗重力。魚可以無視重力，想像一下用鰓呼吸的生活。靠某種微妙的方式推入內部，然後在雲上跳芭蕾，穿過雲層，輕輕踩一下山頭，再穿進天空深處。

　　　　用這種方式會得知，這裡和那裡之間的距離是在解答錯的問題。我可以告訴你對的問題嗎？讓我想想。

　　　　我以為重力把我的思緒拉回過去，陷入回憶，但現在我知道記憶不可靠，有些是杜撰的，全是編

輯過的。我是誰，我看過和做過什麼，我發現了什麼技能──這錯綜複雜的事物只不過是迷霧。

重力把我拉向未來，一路上我整個人一塊塊崩解。每個人都消失在可能事件的迷霧中。在我們的腦海中，時間是重力的另一面。

在我完全消失前的最後片刻，我會再看見妳嗎？只要一瞬間，短暫的一瞥，我只有這個心願。我只有這個要求。我的記憶在煙消雲散，是不是就沒機會看到妳，觸摸妳的臉，握住妳的手，看見妳眼中倒映出我的臉？我為什麼止不住淚水？我為什麼無法讓呼吸平緩下來？一切都那麼渺小、黑暗。我希望在我寫完之前見到妳。

我沒有事先察覺母親生病了。幾週前，我和妻子珍（Jean）探望過爸媽。母親去世的那天早上，我才和她互傳電子郵件。那天晚上她和父親看新聞時，想從沙發上站起來，但站不起來，她又試了一次，還是站不起來。父親握住她的左手，但她沒有回握。她左半邊的臉已經開始下垂。爸爸說：「我去打911。」媽媽說：「不要，打給史蒂夫。」「史蒂夫的號碼是幾號。」「1、2、3、4，」然後她就走了。那天深夜，史蒂夫打電話來告知這個消息。我們極度震驚，前往西維吉尼亞州參加葬禮。

我們措手不及。在母親最後十年的人生裡，幾乎沒怎

麼變。她頭髮白了，行動更緩慢了，她烤來分送給鄰居和家人的聖誕節餅乾份量變少了。但她仍然是母親，和藹可親，聰明，當全家人齊聚一堂時，她是最高興的。然後她就不在了，留下爸爸一個人，結縭六十多年的妻子永遠不會再坐在餐桌對面和他一起吃飯，而當他坐在搖椅上看西部片時，她也永遠不會再坐在沙發上讀報。我的電子郵件收件匣裡永遠不會再跳出母親的名字，我永遠不會再在電話裡聽到她的聲音，永遠不會再和她在廚房的桌子旁聊到深夜，經常對她看到了我沒看到的觀點感到詫異。這一切都不在了。我毫無準備，這種哀傷是極大的。她已經離開十年了，現在仍讓我很難受。這在性質上與感傷不一樣。

為了特別區分這種悲傷和遇到下雨天的感傷，我們就來想一想因雨取消的散步會帶來什麼損失。好，如果我沒有散步去公園，我當然就會錯過那次散步的具體情況。在後來某天散步時，我會看到不同的花朵盛開，樹葉茂密的不同形貌，不同的狗在嬉戲，不同的鳥兒在空中翱翔。我會讀其他幾頁，也許是另一本書。其間的日子會增添我先前真的去散步時不會體驗到的感受，這些感受可能會改變我的世界模型，以及我詮釋我所讀到、我在公園看到的事物的環境。但這種變化通常很小，不會伴隨著失落感。這不是關上的門；這是知覺的些微轉變。而且據我所知，是一種沒有明顯影響的轉變。

如果你欣然接受混沌理論（chaos theory）所講的，你

可能很疑惑我們怎麼會說，些微轉變也許不會產生明顯的影響。混沌理論的基本觀點最初是在 19 世紀末葉由龐加萊提出的，但在 20 世紀遭人遺忘又重新發現了多次，直到生物學家羅伯特・梅（Robert May）1976 年發表的族群生物學論文，以及葛雷易克（James Gleick）1987 年出版的《混沌》（Chaos）一書，才終於把這個話題帶進大眾文化。[1]有多大眾化？它是美國卡通《辛普森家庭》「恐怖樹屋五」這一集的「時光與懲罰」（Time and Punishment）這段的主題；《辛普森家庭》是當代文化很重要，也許是最重要的裁決者。

混沌現象的特徵之一，就是很小的變化可能會造成很大的影響，或是像動畫中的爺爺荷熊・辛普森所說的：「如果時光倒流了，你什麼東西都不要踩到，因為『即使只有最微小的一點點變化，都可能會讓未來發生超乎你想像的改變』。」在數學和科學上，這稱為「對初始條件敏感」（sensitive dependence on initial conditions）。我在課堂上會從更專門的定義開始，再換這句話重述一次，然後播放「時光與懲罰」這個片段。就我粗淺的判斷，大多數的學生都認為《辛普森家庭》的編劇運用了我所描述的對初始條件敏感，而事實上，是我挪用了他們的描述。

對初始條件敏感也稱為「蝴蝶效應」（butterfly effect），有時候可用「一隻蝴蝶在波士頓拍了拍翅膀，就會讓德州起龍捲風」一言蔽之。（地點可隨喜好調整。）然而，這並不是對初始條件敏感的含義。我的同事戴夫・皮克（Dave

Peak）指出，蝴蝶翅膀的極小能量沒辦法形成龍捲風的無比能量。事實上，龐加萊的原始表述中就提到了這點：「我們知道，大氣處於不穩定平衡的地區通常會產生非常大的擾動。氣象學家非常明白，平衡是不穩定的，氣旋會在某個地方形成，但他們說不出確切的位置；在任何一點的十分之一度左右，氣旋會在這裡而不是那裡出現，而且還會對本來可以倖免的地區造成破壞。要是他們真的意識到這十分之一度，就可以預先知道，但觀測結果不夠詳盡，也不夠精確，這就是為什麼一切似乎都是因為機遇在干涉。」

小變化可能不會「引起」大差異，但小的變化由於無法精準測量而看不見，所以有可能讓我們「沒辦法預測」很大的差異是否會發生，何時會發生，以及會在哪裡發生。混沌會讓我們的長時間預測能力失效。

這是混沌為何與感傷和悲傷之間的區別沒那麼相關。悲傷並不是預測；預期（通常）不是不可逆轉的，所以（通常）不是悲傷。2002 年，我的弟弟史蒂夫診斷出有慢性淋巴球白血病，從那之後，他的病就在俄亥俄州哥倫布市的詹姆斯癌症醫院進行追蹤。2010 年 1 月，史蒂夫昏倒了——非常幸運的是，當時他在醫院做掃描檢查。他的白血球數升高到正常最大值的六十倍，血紅素降低到正常最小值的四分之一不到，而且腎衰竭了。他進了急診室，然後住進加護病房，醫生開始替他進行透析，戴上呼吸器。等到紅十字會配對到可輸血的血液，就把他的血液抽出，經離心處理分離出大部分

的白血球，再補充血漿，然後輸回他體內。史蒂夫開始劇烈扭動，他的動作用掉了自己也沒多少可用的氧氣，所以醫生讓他麻痺。他們告訴他的妻子金（Kim）和我的妹妹琳達（那時已趕到醫院），要做好心理準備，打電話通知親友。我們沒預料到他會熬過那個晚上。

那一夜，我渾身顫抖。小時候和史蒂夫與琳達相處的記憶全湧上心頭，儘管如此，這些回憶還是能剪輯、混音和拼貼成與實際發生順序無關的連串往事。擔憂驅除了睡意，我們整夜都在等某個表情嚴肅的醫生來通知說史蒂夫已經死了。這種恐懼很難受，極度難受。但他還是有一線生機，有可能康復，開始參與臨床試驗。那晚病情很不樂觀，但據我們所知並非不可逆轉。儘管我們憂心如焚，史蒂夫還是熬過了那一夜，還有第二天，和接下來幾天。大約十天過後，他出院回家了。他去參加臨床試驗，十年後仍活著。

那個危急的夜晚，我們的情緒不是悲傷。當然，憂心與恐懼和絕望沒什麼兩樣，但不是悲傷。

對悲傷最著名的描述之一，是 C. S. 路易斯（C. S. Lewis）的《看見悲傷》（*A Grief Observed*）。[2] 在我看來，路易斯透過自身的宗教信仰投射悲傷，這同時也會沖淡和攪亂他的反應的印象，所以我不打算討論他的這本書。當然，你可能會有不同的看法。

我會談一下瓊·蒂蒂安（Joan Didion）自述悲傷經歷的幾本書。[3] 蒂蒂安在《奇想之年》（*The Year of Magical*

Thinking）書中，細膩描述她在丈夫約翰‧葛雷哥里‧鄧恩（John Gregory Dunne）去世後，如何摸索自己不可逆轉的人生。蒂蒂安關注日常事件，這些事件顯然因女兒琴塔娜（Quintana）重病而變得複雜。我在第 2 章的末尾第一次注意到問題的複雜性：「我知道約翰已經死了……然而我自己絲毫不願意接受這個消息就這樣塵埃落定。在某個層面上，我相信已發生的事仍有可能逆轉……我必須獨自一人，這樣他才能回來。我的奇想之年就此展開。」

蒂蒂安在第 17 章明白道出了在那漫長的一年縈繞不去的思緒：「原來悲傷是到達之人才認得的地方……我們可能預期自己會因為失去而一蹶不振，傷心欲絕，精神失常。我們不會料到自己真的發瘋，變得冷靜沉著，相信丈夫馬上就要回來了，需要找鞋子穿。」

關於預期性的悲傷，她說了這番話：「我們也無從事先得知實際情況（這正是我們所想像的悲傷和真正的悲傷最重要的區別），隨後是無止境的空缺，空虛感，意義的絕然反義，無情的時時刻刻，我們必須正面感受這種無意義。」

由於蒂蒂安專注於她的人生與看法的細節，所以她的複雜深度分析對我來說是緩慢醞釀。她的記敘看起來多半很平靜，直到真的不帶感情。

蒂蒂安的《藍夜》（Blue Nights）可以看成《奇想之年》的續篇，是她對女兒過世的沉思；丈夫過世二十個月後，女兒也撒手人寰。蒂蒂安面對失去和悲傷的態度是若有所思而

動人，呈現出我想不到的看法。

如果要舉例說明發自內心的悲傷，我會從彼得・海勒（Peter Heller）的小說《寂地》（*The Dog Stars*）中摘出幾段。[4]在敘事者席格（Hig）和他的狗傑斯伯（Jasper）所生存的世界裡，大多數人都死於某種流感新病毒。（當初寫到這段的時候，COVID-19疫情還沒爆發。我十分希望海勒的小說仍然是虛構的，但在2020年底，我擔心美國行政機關那些與科學家建議相牴觸的政策，可能會把海勒的反烏托邦成分強制打入我們的現實世界中。）某天晚上，傑斯伯死了。以下是海勒對席格內心充滿悲傷的描繪：

> 早上醒來時我凍僵了。睡袋和傑斯伯身上覆蓋著霜。我的羊毛帽也是。
>
> 你一定很冷吧，孩子。來。我拉起牠的卡通毛毯罩住牠。牠睡得很沉，動也不動。
>
> 來，小伙子，這樣會好一點。等我把火生起來。來吧。
>
> 牠沒理我。我抽起毯子蓋在牠身上，輕輕擦過牠的耳朵。我停住手。牠的耳朵凍僵了。我把手伸到牠的口鼻，擦了擦牠的眼睛。
>
> 傑斯伯，你沒事吧？繼續揉搓。又揉又搓，然後猛拉了拉牠頸部的毛。
>
> 我把牠僵硬蜷縮的身軀拉近，用毯子蓋住，然

後向後躺。我重重呼出一口氣。我早該注意到的，牠一路上走得那麼吃力。昨天以前已流乾的淚水有如泉湧，潰堤而下。

傑斯伯。兄弟。我的心……

我精疲力盡。疲憊到極點。擺脫是如此艱難。飛來這裡已經像另一段人生了。在機場生活的過往彷彿一場夢。若說機場像夢一般，那麼傑斯伯就是夢中的夢，而在那之前還有藏在背後的夢。夢裡的夢。做著夢。輕柔地把我們的失去化為淡淡的幽靈。

最後那句「輕柔地把我們的失去化為淡淡的幽靈」，令我嘆服不已。這是悲傷的寫照，讓我們想起席格在傑斯伯去世時的人生。這不是單純的感傷。失去是永恆的，心碎是不可逆轉的，儘管在引文末尾，海勒指出悲傷如何變成半透明的。最後它會是我們日常背景的一部分，是內心織錦中的另一縷絲線。

如果你認為動物同伴的死去不會讓你陷入極度悲傷，我會認為你從沒經歷過寵物死亡。我們的其中一隻貓死了的時候，我不會設法把你放進我或我妻子的腦袋裡面，或是在我弟弟和弟媳的其中一隻狗死去時，把你放進他們其中一人的腦袋裡面。那會讓這本書的其餘篇幅都填滿了，而所有那些文字都會是空洞的。在任何一個重要的層面上，我永遠不知

道你在想什麼，你也不知道我在想什麼。同理心並不是知道別人的感受，同理心其實是指，如果你在別人的處境下會有什麼感受。我們能做的最多就是這樣。

我舉個例子。我十歲，我的弟弟史蒂夫五歲時，爸爸和叔叔比爾在某個炎炎夏日，帶我們去科爾河下瀑布的一個沙洲，離西維吉尼亞州的聖奧班斯不遠。那天早上，沙洲上還有其他幾家人。我和史蒂夫抓著一個內胎泳圈，在河裡漂浮了一會兒，然後上岸，去瀑布邊找奇形怪狀的石頭。爸爸和比爾還在游泳。有個和我差不多年齡的男孩，和他的弟弟一起在河裡玩水，他的弟弟年紀和史蒂夫差不多。河裡忽然一陣騷動，那個弟弟沉入水中，哥哥大聲求救。比爾把泳圈拋向小弟弟溺水的位置，一隻手伸到水面上，試圖抓住泳圈，但從側面滑落，然後就不見了。幾個成年人游到小弟弟消失的地方，包括爸爸和比爾，開始下潛到河底。那對兄弟的母親大哭了起來，另一個成年人爬上陡峭的河岸，找到一間房子，報了警。

我和史蒂夫坐在沙洲上，夏日的陽光現在感覺起來很冷。那個哥哥坐在沙地上，離我們不遠，他把膝蓋縮到胸口，用細瘦的雙臂環抱住細瘦的腿，頭靠著膝蓋。

終於，巡警駕著巡邏艇趕來了。他們把可怕的大鉤子放進水裡，開始在河中打撈。爸爸決定我們該離開了。

我不大記得那天晚上和爸媽的對話，但他們很溫柔、體貼又坦誠。這是我第一次近距離看到死亡；露西去世是再過

兩年的事。這是我第一次看到孩子死去，手足死去的哀慟。我無法想像那個哥哥的感受。我怎麼可能想像？我必須知道他們的人生的許許多多細節。他們是好玩伴，還是時常吵架？哥哥有沒有照顧弟弟？弟弟有沒有給哥哥的日子增添好玩的蠢事？要了解哥哥的感受，我必須知道這些問題和其他一千個問題的答案。

我所能做的，最多就是去想想如果史蒂夫死了，我會有什麼感覺。如果我們所擁有的就是我們相處的那五年。如果他成了回憶。故事。如此而已。就這樣。十歲的孩子不該在午夜和黎明之間的深夜想這些事，但我就在想。我不知道那個溺死的男孩的哥哥有什麼感受，但我可以設法想像如果那天淹死的是史蒂夫，我會有什麼感覺。那是焰騰騰、令人痛苦的惡夢。

我們無法進入他人的私人地獄，但如果我們處於他們的境遇，就可以想像我們的地獄，這是我們能夠合理思索、談論、寫出悲傷的方式。如果沒有同理心，悲傷就會陷在我們自己的腦海中，或對於我們之中人生是一次又一次心碎的一些人來說，他們的腦海是陷在悲傷中的。

所以說：悲傷是不可逆轉的，我們無法沉浸在偶發事件的悲傷之中，沒有預期性的悲傷。另外，無論我們用什麼撲朔迷離的方式理解他人的悲傷，都是透過同理心的鏡頭來聚焦的。

我針對預期性的悲傷所做的結論也有例外。舉例來說，

我們可能會為絕症末期的朋友悲傷，或是為在海上失事或軍事行動中失蹤的朋友悲傷。你不必站在棺材旁邊，就知道有人去世或即將離世。雖然我猜想新的臨床試驗總還有可能讓我們驚愕，或總有機會找到生還者緊緊抓著汪洋大海中的一塊殘骸，但這些都不大可能發生，因此在承認痛苦即悲傷之前堅決認為絕對不可逆轉，是太過殘酷了。[5]

　　我舉個親身的例子說明為什麼是這樣。我的岳父馬丁・瑪塔（Martin Maatta）在 1985 年去世；岳母柏妮絲・瑪塔（Bernice Maatta）在 2012 年。我們幾乎每年夏天都會和邦妮（柏妮絲的小名）共度一兩個星期〔冬天可不是拜訪密西根州伊什佩明（Ishpeming）的最佳時機〕。馬丁過世後十年多來，邦妮在我們去探望的時候看起來很好。我們繼續在密西根上半島進行一日遊，走訪其他親戚，晚上珍就把銀行對帳單和各種帳單攤在客廳地板上，確保邦妮的帳目是最新資料，收支平衡。同時間，我和邦妮在廚房坐到很晚，輪流講故事和笑話。譬如邦妮讀高中時，在伊什佩明的冷飲店巧克力小鋪（Chocolate Shop）工作。在 1930 年代，許多中西部城鎮在夏季都有棒球隊巡迴比賽，在晚間開打。邦妮告訴我，鎮上有球賽的時候，她一定會上晚班。比賽結束後，有些球員會來「巧克力小鋪」買汽水和冰淇淋。「那些男生滿身汗水，肌肉健壯，帥氣十足，」她說。珍不記得這個故事；我猜想有些事情告訴女婿比告訴女兒更容易。我和邦妮挺合得來的，我們的探望很愉快。

但到最後，我們發覺有什麼地方不對勁。邦妮變糊塗了，會一再重複自己說過的話，她的交談中少了一些活力。珍僱用了當地的照顧服務員和邦妮住在一起，做飯、打掃、洗衣服，但主要是陪伴她。這些人都非常好；即使到現在，邦妮去世多年之後，只要我們去伊什佩明，都會去拜訪她們。到最後，邦妮的身體需要依賴協助的程度超出這些婦女能力所及，於是珍把她的母親送到療養院，她在那裡住了十年。每天早上她坐上輪椅，自己在長廊來回走動，那時她多半認不得我們或任何一個人，但大多數時候很開心。職員都很喜歡她。邦妮住進療養院後不久，有一次我們探訪結束時，珍想替坐著輪椅的邦妮拍張照片。我和珍向後退離邦妮一點，她只是瞪著前方，有幾位職員走過來站在我們旁邊，向邦妮揮了揮手，希望逗她微笑。珍要我走去旁邊，對著邦妮揮手，我照做了，她看著我，咧嘴露出一抹淘氣的笑容，還用拇指頂住鼻尖，對我使了個輕蔑的手勢。珍從來沒有見過邦妮做出那個手勢，一次也沒有，我們全都笑了，邦妮也笑了，珍拍到了她想拍的照片。

　　然而邦妮的心智能力一年比一年退化，我和珍開始感到痛心，明白她內在的「邦妮」消失了。醫生告訴我們，她的心智能力喪失了，身體很快也會衰竭。失去的情感重量大到超越一切，失去是不可逆轉的，或者說我們是這麼以為的。

　　後來有一次去探視時，邦妮一直很沉默，沒什麼回應。結果那次是最後的一次。那次探視的最後一天，我推著她的

輪椅去玻璃溫室。邦妮一直握著我的手。我們三個人看著魚池和小樹，周圍有鳥兒飛來飛去。珍站在邦妮左邊，我站在右邊，她仍握著我的手。不管我們說什麼，邦妮都沒有回應。然後她看著我，皺起眉頭，接著露出美麗的笑容說：「邁克。」然後她又不見了。她有一部分還沒消失，仍在某處。我們會更常和她講話，還是永遠不會？我們不知道。但我們確實知道，雖然現在是非常難過的時候，但還沒到悲傷的時候。

對於死亡，悲傷的原因顯而易見，如重病或失智等其他情況，就更加複雜。我們離我所稱的悲傷有多近，取決於我們有多麼確定那份失去是不可逆轉的。現在情況不斷改變，如果你嘗試用這種方法，就必須自己找到平衡。

接下來我會用心理學家阿卻爾 1999 年出版的《悲傷的本質》，當作主要的資料來源，簡述一下以悲傷為主題的研究史。[6]

在 1970 年代，心理學家約翰‧鮑比（John Bowlby）主張，悲傷這種適應不良的情緒是一種分離焦慮反應。[7]一般來說，分離焦慮反應是有適應性的；也就是說，這些反應會促使我們尋找那個與我們分離的親人。這種反應有助益的情況遠多於沒幫助的情況，因此並沒有在演化機制下淘汰掉，但

悲傷是在不可能重聚的情況下的一種分離焦慮反應。

　　精神科醫師柯林・帕克斯（Colin Parkes）提出，悲傷是形成依附關係（attachment）的方式的必然結果。[8]鮑比和帕克斯解釋說，在遺傳學上，分離焦慮反應已演化成對於個體生存（幼兒依賴父母保護和供給食物），以及把個體的基因傳遞給後代（父母要靠孩子達成這個目標）很重要的關係。阿卻爾推測，對死亡的認知是較晚近演化出來的，對於可能重返的分離和不可逆的分離（例如死亡），我們還沒有時間發展出不同的反應。

　　阿卻爾描述了不少研究，都在試圖把多種悲傷反應化約成單一個變數。（真的嗎？有誰認為這是好主意？）研究人員利用因素分析（factor analysis）的統計方法，設法把各種不同的悲痛形式組合在一起（因素分析是非常有趣的統計方法，和魔術沒什麼兩樣；如果你不害怕統計，也不介意一點數學，你應該去查閱一番）。這些研究結果幾乎顯示不出一致性。就我的理解，這像是在說悲傷本質上是高維的。

　　我們建構了複雜的親人心理模型，結果這些模型又納入我們的自我模型當中。當環境發出不協調的訊號，例如再也找不到親人的時候，就會引發分離焦慮。我們嘗試讓環境訊號與模型期望值保持一致，如果做不到這一點，就必須調整我們的自我模式，這需要花時間和精力。

　　鄂德的「悲傷法則」（laws of sorrow）納入了第一個和悲傷有關的詳盡心理學研究。[9]由於缺乏實驗數據，鄂德借用文

學與詩來說明他的看法。即使有實驗數據可用，人文科學還是可以比大量心理學研究更直接呈現出原始情感。

有個常見的觀點是，悲傷會經歷幾個階段。[10] 事實上，阿卻爾寫道：「這種分階段的觀點顯然缺乏實證」，但它「確實代表了想要描繪悲傷過程不斷變化的本質的努力嘗試。」這些階段的一個說法，出現在《辛普森家庭》第 2 季第 11 集，〈一條魚，兩條魚，河豚，扁鰺〉。爸爸荷馬（Homer）在一間日本餐廳吃到受河豚毒素汙染的壽司，醫院裡的希伯特醫生幫荷馬做了檢查，然後宣告他活不過一天：

> 希伯特：你會經歷五個階段。首先是否認。
>
> 荷馬：不可能，因為我不會死。
>
> 希伯特：第二階段是憤怒。
>
> 荷馬：你這個小混蛋。哼！
>
> 希伯特：再來是恐懼。
>
> 荷馬：恐懼之後是什麼？恐懼之後是什麼？
>
> 希伯特：討價還價。
>
> 荷馬：醫生，你一定要救救我，我會好好報答你的。
>
> 希伯特：最後是接受。
>
> 荷馬：好吧，我們反正都要死的。
>
> 希伯特：辛普森先生，你的進展真讓我吃驚。

不可否認的，這不是在反映大多數人的經驗，但我希望

你會同意這種觀點交流很有趣。

蘊涵可以賦予名稱意義。從悲傷中「恢復」在暗示回到失去前的狀況，但這是不可能的。離去的人仍舊不在世了。「重新適應」代表為了把不存在包含在內，而去改動我們的世界模型，去修改模型當中碰觸到已逝去者的所有層面。生活可以繼續過下去，但不會也不可能像以前一樣。每次我看到餅乾，都會回想起我母親在特殊的日子烤餅乾當早餐的往事。溫暖的廚房裡瀰漫著餅乾的香味。挑果醬、擺餐桌，都是母親去世後一年左右的痛苦回憶。現在這些回憶帶來感傷，但也帶來了美好，比昔日更深切體會到我能當瑪麗・艾羅伍德（Mary Arrowood）的孩子是何等幸運。餅乾對我的意義，就像瑪德蓮蛋糕對法國文豪普魯斯特（Marcel Proust）的意義；這不是恢復，而是重新適應。

有一種應付傷慟的傳統方法稱為「哀傷工作」（grief work），由四個環節組成：接受失去是真的，努力減輕失去的痛苦，改變自我認同以順應失落，讓自己在情緒上與逝者分離。儘管一度很流行，哀傷工作假說現在遭到不少反對。[11]

瑪格芮特・史卓依伯（Margaret Stroebe）與漢克・舒特（Henk Schut）發展出來的「雙重歷程模式」（dual process model），假定了兩個歷程：第一個是「失去取向的」（loss-oriented），這個歷程和面對悲傷有關，第二個是「重建取向的」（restoration-oriented），這個歷程和處理其他生活層面有關。[12] 重新適應和這兩個歷程之間的「擺盪」有關，這會協

助修正我們的世界模型與自我模型。舉例來說，建立新關係來取代被死亡打斷的舊關係，不該根據悲傷工作假說，而是應該根據雙重歷程模式來讓悲傷消除。再婚對寡婦或鰥夫會有幫助嗎？

　　悲傷有演化上的基礎嗎？阿卻爾在《悲傷的本質》中寫道，悲傷是我們需要關係的結果，親子關係是很重要的關係，儘管社會性動物（包括我們人類）會組成其他重要的依附關係。在這當中有許多關係具有生存價值，因此打斷的依附關係可能會帶來生存風險。把孩子和父母分開，會使孩子面臨失去父母保護的風險，也會威脅到父母把自身的遺傳物質傳給後代的努力。這種依附理論很重要的一步，是演化生物學家威廉・D・漢莫頓（William D. Hamilton，不要把他和數學家 William R. Hamilton 搞混了）提出的親緣選擇（kin selection）概念。親緣選擇這種演化過程是對親屬生殖成就（reproductive success）有利的，甚至不惜犧牲自己的一部分生殖成就。[13]漢莫頓量化了親緣選擇可行得通的血緣關係：「（親緣相近程度）乘上（帶給該親屬的利益）必須超過個體要付出的代價。」

　　因此，依附和分離都有對稱的樣貌。突變找到了壓力激素，天擇再增強這種激發人努力避免分離危險的激素。

　　這不僅適用在人身上：動物也會經歷分離焦慮並且為此悲傷。斑斑（Patch）是一隻經常在我們院子出沒的野貓，牠的右眼周圍有一小塊灰毛，所以我們叫牠斑斑。幾年前她在

附近一間還在蓋的房子裡，生了一窩四隻小貓。建築工把小貓放在箱子裡帶來給我們，我們把牠們送到鄰鎮的零撲殺動物收容所。據我們所知，在我們送小貓去收容所時當班的四個員工，各領養了一隻回家。小貓可愛得不得了。接下來的那週，斑斑在我們的院子裡徘徊，呼叫牠的小貓。牠聽起來確實很絕望；牠吃得很少，甚至什麼都不吃，就只在找牠的小貓。這似乎清楚是顯示對分離的悲傷反應的例子。最後牠終於不再尋找，開始比較有規律地吃東西。

斑斑經常和另一隻野貓溜溜（Slinky）在一起，取溜溜這個名字，是因為有人接近時牠會悄悄溜走，而不是像我弟暗示的，牠下樓梯時會像彈簧圈那樣。我們認為斑斑和溜溜是同窩出生的。我和珍一次誘捕一隻，帶去結紮和打疫苗。當其中一隻在誘貓籠內，另一隻會繞著籠子走來走去，不時喵喵呼喊。我們把其中一隻從獸醫那裡帶回家並放出籠子時，另一隻就出現了，牠們互蹭了蹭腦袋，然後一起離去。甚至到了現在，牠們依然相伴，在我寫到這裡的時候，從工作室的窗戶看出去還可以看見牠們一起蜷在我們的後院裡。

我不知道，溜溜離開的那一天，斑斑是否擔心牠不會回來？在我看來，牠的反應像發狂似的，就類似牠找不到小貓時的反應，但我無法知道貓在想什麼。這兩種反應在我看來都像是悲傷，然而貓能理解不可逆性嗎？我判斷悲傷的標準對所有的物種普遍適用嗎？

回頭談談悲傷的演化基礎。分離會啟動激素。壓力本

身沒有生存值，但減輕壓力、尋找失蹤同伴的努力嘗試如果成功了，就會有生存值。然而在同伴死了所以找不到的情況下，悲傷及其所有負面的結果，似乎就沒有正的生存值。事實上阿卻爾指出，悲傷非但沒有任何生存值，還是依附能力的附帶現象，也就是依附機制的次要選擇結果。

那麼，悲傷在演化上就解釋成，明白另一個人永遠永遠永遠不會回來的分離壓力激素。寫出這些文字是很艱難的。時光荏苒，許許多多的幽靈湧入我的腦海。父母，祖父母

輩，阿姨叔伯，知交，學生。（學生怎麼會比老師先死去？這種情況發生時，宇宙應該出了什麼大問題。亞當，我們還有這麼多計畫要做。你到底為什麼要抽菸？我真想知道你寫的程式和我的數學還會發現什麼結果。）還有一大堆貓。可愛的小波普（Bopper）再也不會蜷在我躺的枕頭上，讓我把牠的呼嚕聲當作搖籃曲。

我們可以透過芭芭拉・金的《動物如何悲傷》，朝這個方向再多探討一點，但我不得不說，讀這本書對我而言是個考驗。[14]對於喜歡動物的人來說，這個主題需要很多的情感。金是很有說服力的作家，她透過特有動物的故事來呈現大部分的資料，這種寫作方式確實幫助我們理解動物會表現愛，也會有悲傷。

黑猩猩和大象會感到悲傷，我們可能不意外；畢竟大象和黑猩猩都能用工具，會玩耍，因此表現出相當複雜的認知程度。我們與貓狗同伴的自身經歷，也充分證明貓狗可以感到悲傷。但海豚和鯨呢？龜呢？雞、兔、豬、鴨、鵝、猴子、鸛、烏鴉、馬、山羊和水牛呢？全都可以。

動物的悲傷基於動物的愛。金根據珍・古德、辛西雅・莫斯（Cynthia Moss）、馬克・貝考夫（Marc Bekoff）、彼得・法欣（Peter Fashing）等人的工作，及她自己在肯亞的野外研究，提出了這個關於動物之愛的闡述：「當一隻動物感受到對另一隻動物的愛，牠會非常努力靠近所愛並積極互動，原因可能包括但也超越如覓食、防禦天敵、交配、繁殖

等基於生存的目的。」

還有：「如果這些動物不能再結伴，譬如因為其中一個同伴死去，付出愛的那隻動物就會顯露出痛苦。牠可能會不吃東西、體重下滑、生病、情緒化、變得無精打采，或有表現出感傷或沮喪的肢體語言。」

因此，金把可能在表現悲傷算作是愛的組成要素；事實上，她稱之為愛的充分條件（sufficient condition）。但不可逆性（我所認為的悲傷必要構成要素）呢？金寫道：「動物的悲傷並不依賴掌握死亡概念的認知能力。」她透過一個又一個例子，證實動物可憑直覺知道由死亡帶來的永恆失去。

金講述了許多跟貓有關的例子，說明貓在親手足或同伴不知去向時，會四處尋找失蹤的同伴。到最後，這隻貓會邊找邊號叫、喊叫和哀號，很難理解這如果不是悲傷，那是什麼。

我們知道人哀痛悲傷的方式不同，或許其他人一點也看不出來，考慮到這一點，金鼓勵我們應自由詮釋所觀察到的現象：「我們不該為了相信一些狗會感受悲傷而命令每隻狗都會悲傷。」

動物表達哀傷的方式各有不同。馬會在倒下成員的埋葬處四周圍成一圈，牛也有類似的行為；還有大象：不但有血緣的親戚前來探視死去的大象，看起來在致哀，其他家族的大象也會來。

有個古老的觀點，認為人類以外的動物全都困在時間

裡，意思就是，牠們沒有過去或未來的意識，所以牠們無法察覺不可逆性。但有越來越多證據顯示，許多動物會顯現事件記憶（對事件的特定記憶，這是某個個體特有的），甚至自傳式記憶（對自身經歷的記憶）。[15]加上金對於黑猩猩布魯圖（Brutus）的描述，布魯圖在獵食時顯現出雙重期望：牠預料了自己的獵物和獵食團中其他黑猩猩的動作。[16]金推斷布魯圖「會考慮其他黑猩猩的心理狀態」，牠有一套心智理論。

人類心智可以接觸到動物接觸不到的各種形式，但支持這種觀點的似乎不是證據，而該說是傲慢。也許我們不應如此輕率相信，會對未來有所期望是不折不扣的人類特徵；能夠察覺不可逆性，也非不折不扣的人類特徵，儘管金記述了一些母猴會抱著死去的幼猴好幾天，而我還不確定該把金的記述放在這段分析的什麼地方。[17]這些猴媽媽希望自己的寶寶死而復生嗎？這是牠們哀痛的方式嗎？我們的疑問比答案多。

動物對死亡的反應有非常大的差異，《動物如何悲傷》這本書會讓你眼界大開，但閱讀時要準備一盒面紙在旁邊。

海倫‧麥唐納（Helen Macdonald）精采的《鷹與心的追尋》（*H Is for Hawk*），關注的重點不是悲傷，而是去理解世界在另一個物種，一隻名叫梅寶（Mabel）的蒼鷹眼中的樣子。[18]書中關於海倫和梅寶如何玩耍的描述令我特別著迷。貓狗會玩耍，我也見過松鼠以我認為是在玩耍的方式行動，

但我不知道鳥類也會。如果鳥兒真的會玩耍，我應該會先找上麻雀、鶺鴒或雀鳥，而不是嚇人的猛禽。這令人耳目一新。

若要從另外的角度看世界，用另一個物種可能比用另一個人更好。別人所見的總是會透過我們所見的，再投射到我們的類型，但要看到一隻鷹眼睛所見的，我們必須抹掉一切，重新開始，透過長時間的仔細觀察（這部分很困難，要花無數小時親密相伴，留意牠對共同經歷的反應），然後去感受一個我們多半看不到的世界。想想這個：「我同時變成樹梢上的鷹和地面上的人。這種陌生的分裂感，讓我覺得我彷彿走在自己的下方，有時甚至離自己遠去。然後有那麼一瞬，一切像是變成虛線，而我、鷹和雉雞只是三角學習題裡的元素，都貼上了柔和斜體字母的標籤。」

《鷹與心的追尋》是麥唐納與一隻蒼鷹一起生活、馴養牠的故事，也是記述她喪父之痛的故事。想也知道，她從不同的觀點來書寫：「自從父親去世後，我一直有這些失現實感（derealization），世界變得無法辨認的古怪經歷。」（我在第 4 章會提到我和弟弟都有的相似經歷。關鍵字是「獵犬」。）

然後是這段：「悲傷的考古學是沒有條理的，它比較像是鐵鍬下的泥土，把你忘記的事物翻出來。意想不到的事物暴露出來：不是單純的回憶，而是心智狀態、情感和過往觀看世界的方式。」

如果你還沒有讀過這本書，應該盡快找來讀。你會學到令人感傷的事物，也會學到美麗的事物。

醫生兼科學家藍道夫・內斯（Randolph Nesse）曾寫過一篇精闢的分析〈理解悲傷的演化架構〉。[19]內斯與演化生物學家喬治・威廉斯（George Williams）合寫了精采的著作《生病，生病，why？》（*Why We Get Sick*）。[20]他們透過演化的視角探討疾病；兩人的結論令人大開眼界。舉個簡短的例子。一般來說，輕度發燒除了會消耗多一點資源外，幾乎沒有什麼害處，但體溫即使升高幾度，也能顯著阻止病原體生長，讓有適應性的免疫系統有時間辨識入侵者，擴增適當抗體的供給。吃阿斯匹靈來緩解輕微發燒，可能是完全錯誤的做法。你也該讀這本十分有趣的書。你看，我很樂意閱讀推薦。

因此，內斯有辦法對悲傷進行微妙的演化分析。他的研究關注這個問題：「哪些選擇驅動力塑造了引起悲傷的大腦機制？」天擇發現了透過調節生理機能來產生情感的過程。舉例來說，我們的更新世祖先遠遠看到掠食者時，會變得焦慮，而這種焦慮幫助他們避開掠食者。負面情緒可能有很高的代價，因此除非也有一定的生存值，否則在繁殖期間經歷的負面情緒早該被天擇淘汰了。感傷發生在失去之後，可幫助我們做出幾種反應：設法讓失去逆轉，採取行動防止未來再度失去，警告他人有持續存在的危險。當失去不可逆轉，感傷迅速轉為悲傷時，這種情緒的代價不會幫助我們繁衍，

但我們為了制止類似的失去而採取的行動，也許會增加我們孩子生存的可能。

我必須提到內斯問了一個問題：「悲傷是一種為了應付失去至親好友所帶來的適應考驗而決定的特殊感傷類型嗎？」他認為有證據支持這一點，但這主要是他用來反駁阿卻爾的附帶現象解釋的方法。內斯的感傷種類似乎比我的更包羅廣泛。

人如何經歷並表達悲傷，如何為了適應失去而重新調整自己的生活，是人生中最私人的層面之一。悲傷與愛有關，而愛是最私人的經驗，這不足為怪。有個推論是，失去之後發生在我們身上的事情因人而異。

我的劇作家朋友安卓雅・史隆・平克（Andrea Sloan Pink）描述了她失去母親後的一些經歷。每個人都在自己的內心裡承受失去和悲傷。我們聆聽悲傷的人說話，試圖理解他們內心世界的悲痛，但我們會失敗。聽他們講，但不要出言安慰。如果你有辦法協助他們打理日常事務，就主動協助，這也是為什麼朋友會帶食物給遭受喪親之痛的家庭。否則，傾聽是我們最多能做的。現在來聆聽安卓雅的心聲：

> 麻木和燒灼。我母親的離世帶給我兩種長久、彷彿在皮膚下燒灼的感覺，還有一種可怕的體內亮光，像檢查眼睛一樣糟糕，甚至更糟。到最後，這些奇異的神經感覺會放鬆，但我不全然確定這是好

事。我不希望大家說服我不要改變，要對不圓滿的
事情再度「心滿意足」。

　　母親離世讓我驚愕的一件事，是宇宙間容許浪
費的限度。天地世間怎麼能夠讓前一天還會說五種
語言的意識，隔天就煙消雲散？所有的效用和投資
都揮霍掉了。

　　悲傷宛如一盞刺眼的燈，照耀著我的人生，把
不足之處赤裸裸攤開來。太多事物感覺不對勁。一
切已經緩和，不過我記得我在鮮明反差下看到的一
部分體悟。

第 3 章

美

耶誕裝飾全是皇室藍色的。

　　美是悲傷與幾何之間的橋樑，證明這件事需要一番工夫。

　　芭芭拉‧金提出了悲傷與愛有關的證據，她是這麼闡述動物的：「之所以展露悲傷，是因為兩隻動物建立起關係，互相關懷甚至相愛──因為其中一顆心確信對方的存在就像空氣般不可或缺。」[1]

　　我們自己的經驗就能證明，這也適用於人類的悲傷。我們在這一章會把悲傷連結到另外一種強烈的情感，即我們對於美的反應。

　　幾何與美已經結合在一起了：幾何的某些部分實在太美

了，美到讓我透不過氣來。現在我準備論證，美和悲傷毫無二致，或說悲傷也許是暗鏡中的美。

從某種意義上說，這很明顯：美與悲傷都會壓縮呼吸道，或者可能讓橫隔膜麻痺。任何一種強烈的情緒都會妨礙呼吸，所以單靠喘氣不能把悲傷與美連結起來。為此，我們必須看得更深入一點。

我們已經討論過悲傷，也發現一些特徵，因此要尋找美與悲傷之間的關係，就必須解釋美的某些性質。正如悲傷與感傷要區分開來，美與漂亮也必須分開。我會從我的兒時回憶開始談起，希望這能帶領你找到你自己的類似回憶。

耶誕節前不久的幾個晚上，我們擠進家用車，然後爸爸開車帶我們穿過聖奧班斯的鄰近地區，去看耶誕裝飾。很多樹上掛滿紅色、綠色、藍色、黃色，五彩繽紛，媽媽把這些裝飾稱為「漂亮」。還有一些樹的裝飾是單色的，全是藍色燈或全是白色燈——按照媽媽的說法是：「美。」我是個充滿好奇心的小孩，當然就要問她怎麼區分「漂亮」和「美」。很遺憾，我記不起她是怎麼解釋的，這沒什麼好奇怪的，因為那是 1950 年代末期的事了。媽媽幾年前過世了，所以我不能問她；我會設法弄清楚她大概是怎麼說的。

在西方哲學中，關於美的研究可追溯到古希臘，甚至更久遠以前。[2] 我們的簡單分析不需要完整的美學理論，或者應該說，我將會提到三位作者，丹尼爾·貝林（Daniel Berlyne）、丹尼斯·達頓（Denis Dutton）和理查·普蘭

（Richard Prum），由他們來指引我們。

實驗心理學家貝林在他的《美學與心理生物學》（*Aesthetics and Psychobiology*）一書中寫道，為了視為在美學上賞心悅目（這當然是美和漂亮的必要條件），就需要兩個特徵：新穎與熟悉度。[3]新穎提供了驚奇的元素。有人反覆練習音階的聲音毫無新意；這並不有趣，也不好聽。另一方面，為了提供情境就需要熟悉度——如果不是用來理解作曲家本意的途徑，那麼至少也要是讓這首樂曲融入我們的經驗的線索。收音機的靜電干擾並不好聽，因為它沒有可辨識的模式，沒有什麼熟悉的地方。因此美和漂亮都必須展現新穎及熟悉的層面。

這個主題源自貝林以他在耶魯的博士論文為基礎所寫的論文〈人類好奇心理論〉（A Theory of Human Curiosity）。貝林的結論是，模式的熟悉度若是落在中等程度，最能引發好奇心。他對好奇心的分析以可能反應之間的衝突概念為基礎，好奇的程度與這種衝突的程度是相關的。太不熟悉的模式不會產生足以造成很多衝突的反應，而太熟悉的模式不會製造衝突，因為模式是意料中的。好奇心在新穎與熟悉之間的適中地帶最有可能出現。

喬治・桑塔亞納（George Santayana）認為，美的經驗來自純粹與多變的微妙平衡，而貝林提出的熟悉度與新穎平衡概念，可看成桑塔亞納所提的觀念的延伸。[4]桑塔亞納在分析聲音之美時闡述了他的想法，但聲明他的分析是「美學中無

處不在的原則衝突的清楚實例」。以下是桑塔亞納版的貝林平衡：「可在一片混亂聲音中辨別出一組規律振動時，我們就會聽到一個音，因此這種藝術要素的知覺與價值，看來要仰賴提取，也就是從注意力的範圍省略所有不符合某個簡單法則的要素。這或許可以稱為純粹原則。不過，如果它是唯一在發揮作用的原理，那麼最美的音樂就會是音叉發出的音了……純粹原則必須與另一個原則達成某種妥協，我們不妨把它稱為興趣原則。這個對象必須有夠多的變化和表現，才能吸引我們的注意力一段時間，普遍引發出我們的本性。」

貝林在《美學與心理生物學》中並沒有提到桑塔亞納，這表示美學欣賞必須具備新奇性與熟悉度（或多變和純粹），在他寫書時就已經是歸化的概念，完全是「流行」的概念了。

接下來，哲學家丹尼斯・達頓在他的《藝術本能：美、愉悅和人類演化》（*The Art Instinct: Beauty, Pleasure, and Human Evolution*）書中，提出了關於美的達爾文式理論。[5] 達頓反對這個普遍的學說：美學品味會受文化制約。只要稍微想一下，就看得出我們的美感不會受限於本身的文化。西方人覺得李安《臥虎藏龍》當中的竹林武打場面美嗎？[6] 李慕白和玉嬌龍如蜻蜓點水般的動作，優雅又緊張；竹子隨著刀光劍影徐緩搖曳；伴著遠處隆隆作響的雷聲和馬友友的琴聲。

喬賽・薩拉馬戈（José Saramago）的小說《死神放長假》（*Death with Interruptions*）結尾有沒有讓你倒吸一口氣？[7] 對

於薩拉馬戈，情節向來不是重點；他的想像力，他的內心，尤其是他的語言，才是重點。這本小說開頭第一句就是：「隔天，沒有人死去。」這種沒有死神的情況會持續一段時間，你可能會覺得這是萬幸，但其實不是。人仍然會生病和受傷；他們只是不會死。許多麻煩事浮現。到最後，死神決定重返工作崗位，但現在人已經習慣不會死，於是抱怨沒時間準備。因此，死神開始用藍紫色信封寄信，信中告知他們在整整七天後會死去。這也讓人不高興。有一天，死神的其中一封信退回來了，她再寄了一次，又被退回，於是她化為人形，去尋找信被退回的那個人。他是個大提琴手。她逐漸了解他，最後還愛上他，在他的公寓過夜。後來「他睡著了，她沒有。然後她，也就是死神，起身，打開她放在琴房的手提包，拿出藍紫色的信封。她環視了一下，想找個地方放信，放在鋼琴上，夾在大提琴弦之間，或者就放在臥室，那個男人的枕頭下面。她沒有放在這些地方。她走進廚房，點燃火柴，一根不起眼的火柴，明明她掃視一眼就能讓那張紙消失，化為無形的灰塵，用手指輕輕一碰就能把它點燃，然而卻是簡單的火柴，普普通通的火柴，司空見慣的火柴，點燃了死神的信，只有死神才能摧毀的信。沒留下灰燼。死神回到床上，摟著男人，不明白自己怎麼了，從沒睡過覺的她感覺睡意輕輕地合上她的眼皮。隔天，沒有人死亡。」

　　對火柴的反覆描述，雖然對情節來說是多餘的，但我第一次讀到這一段的時候就欽佩得五體投地。雖然接連閱讀比

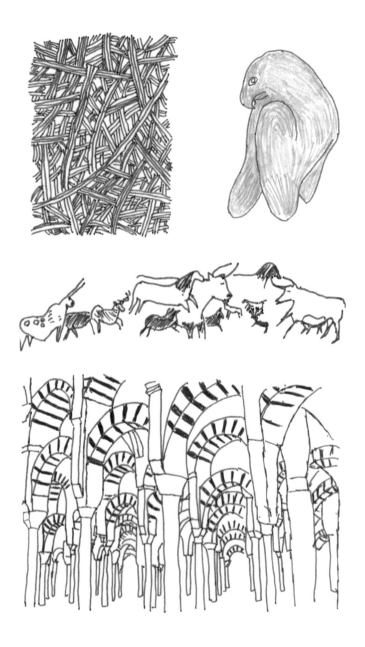

不上那種強烈的程度，但這些描述確實讓我想起薩拉馬戈的天賦。說這部小說只是在延伸 1960 年代初期的影集《陰陽魔界》（Twilight Zone）某一集的那些人，我對你們缺乏想像力深表同情。

那麼非洲姆巴提族（Mbuti）的樹皮布繪畫、北美洲因紐特族（Inuit）的動物雕刻、法國拉斯科（Lascaux）的洞穴壁畫或西班牙哥多華（Cordoba）的清真寺呢（見前頁手繪圖）？[8] 例子很多。每個文化的藝術都可受每個文化中的人欣賞，所以倘若欣賞藝術會受文化制約，那麼這種制約確實是微妙的。

我父親沒受過良好教育，他高中時輟學就業，在紐波特紐斯造船廠（Newport News shipyards）工作到 17 歲，然後在第二次世界大戰期間投身海軍。他是技藝高超的木匠和技工，但很少接觸藝術。有一幅現代主義風格繪畫的影像閃過電視螢幕時，我爸說出了這個常聽到的看法：「五歲小孩用一盒手指畫顏料都可以畫得比這還要好。」我給他看保羅・克利（Paul Klee）畫冊裡的圖片。[9] 他靜靜地看了一會兒，吹了一聲口哨，然後說：「嗯，不對，我覺得五歲小孩用手指畫顏料畫不出這些。」接著他提了一個問題，直指如何理解美的重點：「一幅畫怎麼會看起來那麼棒，卻不是在畫某樣東西呢？」他所看的圖片不是在畫他認得的物體或景色，但仍然吸引著他。父親在西維吉尼亞州的羅斯代爾（Rosedale）長大，當時正處於經濟大蕭條時期，他不喜歡上學，雖然他

告訴我他喜歡數學，但這麼說可能只是要展現慈愛。二次世界大戰期間他在太平洋服役，戰爭結束後，他終於在聯合碳化物公司（Union Carbide）找到工作，起初做臨時工，然後在發電廠，後來在抽水站，最後在機械室做技工，這是他的理想工作。在這期間他娶了我媽，他們養育了三個孩子。我懷疑他從來沒踏足過美術館或畫廊，然而克利的繪畫以他無法理解的方式打動了他。是的，對美的感知是細微的。

達爾文學說研究任何事物的途徑都是基於選擇，但達爾文提出了兩種選擇原則。大家較熟悉的是「天擇」，出現在《物種起源》（*On the Origin of Species*）中。[10] 凡是可讓個體存活到繁殖期的可能性提高的表徵，都比較有可能傳給後代，因此帶有這種表徵的族群比例會擴大。隨機突變啟動了對許多表徵的考驗；天擇淘汰掉那些有害的表徵。這真是單純又優雅的想法，難怪理解這個道理的人會入迷。

第二種原則是「性擇」，是達爾文在他的第二本書《人類的由來》（*The Descent of Man*）中提出來的。大致來說，性擇是指雌性選擇具有某些表徵的配偶，只因為牠們覺得這些表徵有美學吸引力。達頓把達爾文學說應用到美的感知上，解釋為什麼藝術可以跨文化欣賞。他說：「美是自然界的遠距表現方式。」換句話說，欣賞美的樂趣來自於看某樣東西，而不是吃掉它，如果「它」是指你的配偶或孩子，這顯然是較好的選擇。達頓指出，從悠久的人類史來看，直立人大量製作的手斧數量太多，大部分沒使用，不太可能是用來宰殺

動物的石器。達頓認為這些石器是非常早期的藝術品，「考慮的是優雅的造型與超群的技藝。」接下來，性擇開始運作，因為技藝就代表配偶身上的理想技能。

最後，身兼鳥類學家和演化生物學家普蘭推翻了達頓的方向。普蘭在《美的演化》（*The Evolution of Beauty*）中，指出早期反對達爾文所提的透過擇偶進行性擇的觀點：女性在選擇配偶中為能動者的想法，對維多利亞時代的英國來說太過女權主義了。[11] 華萊士（Alfred Wallace）雖然直言不諱地支持達爾文的天擇演化論，但同樣直言不諱地批評性擇。華萊士堅決認為天擇能解釋一切。

接受美學選擇的歷程很複雜，所以我們接下來會概述幾個重點。為了證明性擇的作用，普蘭已經花了四十年在野外觀察並收集鳥類的求偶儀式。普蘭在耶魯大學向未來理科學生演講，主題為美學選擇，他在演講中放了一些求偶儀式的影片。雄性華美風鳥（superb bird-of-paradise）的求偶舞蹈特別引人發笑──我想「有趣」是更中立的形容詞。（你應該去 YouTube 搜尋這支影片；我實在想不出適當的言語來描述。）在演講結束後的提問時間，課程的討論負責人、天文物理學家梅格・尤里（Meg Urry）發問說，雌鳥在看完雄鳥的表演後，為什麼沒有大笑到從樹枝上跌落。沒有給令人信服的答案。

1915 年，統計學家兼遺傳學家羅納德・費雪（Ronald Fisher）解釋了性裝飾的演化，他觀察到，裝飾應該演變成

可和平均偏好相稱。[12] 不過，偏好又是如何演化出來的？費雪提出了一個兩階段式的模型。起初，未充分發展的裝飾確實顯出強健或其他具有真實生存值的表徵。基於這個裝飾的偏好（性擇）一旦確立（雄孔雀的尾巴就是大家很熟悉的例子），此裝飾就會和生存值脫鉤，能夠只因為潛在配偶覺得它有吸引力而雀屏中選。

演化生物學家扎哈維（Amotz Zahavi）追隨並擴展了華萊士的想法，在 1975 年提出「缺陷原則」（handicap principle）：裝飾是一種生存缺陷，有裝飾存在就顯示，帶有裝飾的個體必須具備優秀的表徵，因為儘管有這種缺陷，該個體仍存活下來了。[13] 當時許多生物學家認為這個論點很有說服力，如今仍有很多人這麼認為。

演化生物學家馬克・柯克派崔克（Mark Kirkpatrick）在 1986 年證明，如果某種裝飾的生存劣勢與性優勢成正比，那麼演化不會對該裝飾有利，也不會對擇偶偏好有利。[14]因此，選擇不會擴大族群中的表徵。到了 1990 年，動物行為學家和演化生物學家艾倫・葛拉芬（Alan Grafen）證明，如果裝飾劣勢與擇偶偏好之間的關係是非線性的，那麼缺陷原則就有可能解釋裝飾的演化。[15]請注意：是「有可能」，而不是「一定能」。爭論還在繼續。

普蘭解釋了越積越多的證據，來支持這個看法：裝飾和偏好在天擇的運作之外共同演化，也就是美學選擇和天擇共同驅動演化。美學選擇產生出歷史上偶然發生的變異；這些

變異局部取決於事件的順序，可以朝著可說是古怪的方向發展。普蘭的「美終會發生」表述，支持形式有更大的差異，而這似乎和他在一萬種鳥類觀察到的差異是一致的。這些問題的複雜性，說明了探究美學選擇的作用是很有力量的。

所以，美具有熟悉又陌生的特點，演化與美以非常複雜的方式產生關聯。這種演化層面將會幫助我們看出美與悲傷之間的關係。

首先，演化可以讓我們深入了解漂亮與美的區別。還記得耶誕燈飾的故事吧。漂亮是我們所看到的；美暗示著某種更深刻、超凡的東西。樹和燈飾來自很不同的世界，所以把它們相結合已經暗示著新穎。（請注意，迥然不同的物體結合起來未必就是美。沒有人會認為在一碗玉米片上裝置聖誕燈飾很美。）我們會覺得熟悉則是因為，兩種類別都是日常生活的一部分。也許貝林的好奇心理論解釋了對彩色燈飾的小幅情感反應：「太陌生的模式〔一大批五彩繽紛的燈〕不會產生足以製造大量衝突的反應。」也許是，但我們再來看看普蘭的雄花亭鳥亭狀鳥窩研究。花亭是由樹枝構成的兩道平行牆壁搭成的（不妨在 Google 搜尋一下圖片，你會很驚豔），用來吸引雌鳥。普蘭解釋說：「雄緞藍亭鳥會收集裝飾用的東西，所有的東西都是皇室藍色的，牠會把這些東西堆在花亭前面庭院區域的草床上……在大部分的花亭鳥族群中，公鳥會為自己的花亭收集並展示淺色的鵝卵石、骨頭和蝸牛殼。」[16]

我媽十之八九沒用花亭鳥求偶儀式來解釋她的美學選擇。要是她的十歲兒子提到了花亭鳥求偶，她會怎麼想？我預料她會說，漂亮的燈太「忙」，所以不美。美在某種程度上更純粹，或更單純。龐雜紛亂的世界也有可能是漂亮的。我媽應該不會用「超凡」這個形容詞，雖然她一定知道，因為她讀很多書，但我相信這是她設法描述的特徵，是她對美與漂亮的區分的看法。

人類在種系發生樹中的分支與鳥類所在的分支，在三億多年前分岔了。從我們和鳥類的共同祖先，這種單色的美感就已經編碼在我們的基因中，這合理嗎？雖然大部分遺傳密碼的功能仍屬未知，但我認為美感得自遺傳的這種看法並不合理。對美的感覺比較可能是沿著幾條演化路徑，各自獨立產生出來。如果你認為這不大可能，那麼別忘了，在地球生命史上，眼睛可能已經各自獨立演化了四十次。

其他的物種是不是也懂得欣賞單色的美？許多花（當然不是所有的花）只有一種顏色，許多鳥（當然不是所有的鳥）只有幾種顏色，全身的羽毛以單一顏色為主，舉例來說，很多天鵝多為白色的，許多公紅雀多為紅色的。性擇似乎已經多次發現這種模式了，為什麼呢？在抽象的知覺空間中，這似乎位於局部高峰——若借用遺傳學家修爾・萊特（Sewall Wright）的適存度地景（fitness landscape）概念來說。[17] 對許多物種來說，美的概念在當下占據了最高的適應性。沒有什麼事情是不變的，因為每個物種都在其他物種演化的背景下

演化，說得更完整些，演化是共同演化：我們休戚與共。

　　為了看出悲傷與美之間，以及美與幾何之間的關聯，美的超凡性是我們所需的最後一塊。我們對悲傷與美的感受都包含情感重量龐大的感知，這些感知永久改變了我們的環境，此外，我們對悲傷與美的感受也都牽涉到超凡性。看見美，就是瞥見更深層的東西；感到悲傷是瞥見一份失去，我們會有許多年不去分析，也許永遠不會去剖析這份失去帶來的後果。

　　幾何之美同樣包含龐大的情感重量，永久改變我們的感知，而且也是超凡的。我們看不到所有的幾何，只見到一點暗示，一絲絲更深層的東西。我們對於美的看法是一面鏡子，我們需要這面鏡子，才看得到悲傷與幾何的共同特徵。

　　我們已經花上一段時間進行很充分的籠統論證，接下來我會透過故事呈現這些關聯。倒不是因為我認為自己的故事很重要，而是因為有時透過故事能夠比透過泛泛而談，更踏踏實實傳達細微的想法。再者，我希望自己的故事會讓你想起你自己的故事。你的內心世界似乎不大可能與我的相同，我希望你的回憶能引導你得出和我不同的結論。不過，如果開始了解我們為世界建立模型的方式有何差異，我們就能改進各自的模型。

　　我在十年級時的幾何課很棒。我在其他數學課和書上看到的零星幾何知識，都集中在同一處。一項證明的條理和脈絡很美，清晰純粹。（好啦，我承認不是每個同學都覺得證

明很吸引人;對一些小孩來說,證明很難又無聊。我對他們說:「你的損失。」)然後是難題。古希臘人把圓周率 π 定義成圓周長與直徑的比值,但為什麼所有的圓求出的比值居然會相同?這個問題有答案,而且相當優雅,但對愛探究的十年級學生來說,這是個有趣的謎。晚上在家裡的書桌前,我會做白天上課給的作業或讀一讀其他的讀物,偶爾我會望向窗外。隨著夜色加深,從紫色轉成靛藍再到黑色,幾顆星星出現了,我想知道其中一些星星有沒有行星,上面居住著可以思考家園環境的生物。如果那些外星生物把他們的世界的形狀抽象化成幾何圖形,我想那會是我認得的幾何圖形。這種普適感令人驚歎。

經過許多思考,以及跟老師的幾段非常有趣的對話,我得出一個解釋:幾何學把關於空間和時間結構的事實轉成密碼了。這些想法十分簡潔又完美地結合在一起。當一個證明完全浮現在我腦海,我看到每一步如何以及為何成立時,我初次嘗到一種微妙、難以形容的喜悅。

然後是我的幾何學老師,格立菲先生。還算年輕,頭髮開始稀疏,而且很顯然與幾何學相愛。對我來說,這種愛是會傳染的。你明白為什麼我在十五歲時就愛上幾何嗎?我到六十九歲的年紀,仍然像當時一樣墜入愛河。

那時老師的薪水並不高,令人吃驚的是,這個情況一直沒什麼改善。格立菲先生晚上在西維吉尼亞州立公路委員會兼差,擔任電腦操作員。他邀請我去參觀計算機中心,某天

晚上祖父就開車送我去位於查爾斯頓（Charleston）的州立公路委員會辦公室。我還記得有個大房間，放滿了冰箱那麼大的電腦、捲盤驅動式磁帶機，及帶有閃動指示燈的面板。格立菲先生解釋那些設備是什麼，有什麼用途。他還描述了電腦在處理的問題：模擬西維吉尼亞收費公路上的車流量。數學在運轉中，解決實際的問題，就在我眼前。我已經知道這種工作，畢竟太空人約翰・葛倫（John Glenn）的軌道太空飛行就發生在我上小學的時候。〔那時我還不知道，為美國航太總署（NASA）做過多次發射和登陸計算的數學家凱薩琳・強森（Katherine Johnson），多年前就從我家渡河，到卡納瓦河（Kanawha River）的對岸讀高中。[18]〕不過，眼前是實實在在的，我可以看到這些機器，如果我願意，還可以觸摸到。數學已經成了有形的事物。

春季學期快要結束前，格立菲先生和我討論了學幾何在情感方面產生的影響。那時候我們已經看到更複雜的方法，證明更長、更微妙，而且更美了，不論我能用什麼方法去想像。但那些證明都不像秋季學期剛開始時那麼有趣。我們討論了幾個可能的原因，包括篇幅較長的證明比較難一下子就融入腦海。不過，格立菲先生隨後轉移話題，問我最喜歡哪首樂曲。巴赫的第五號布蘭登堡協奏曲是我最先想到的。我聽了多少遍？至少幾十遍。我還記得第一次聽到的時候嗎？記得很清楚，是在我朋友蓋瑞・溫特的家裡。我覺得這音樂曲怎麼樣？我從來沒有聽過這樣的音樂，我覺得悸動不已，

其中的模式太美了。我現在再聽的時候還會有那種感覺嗎？算不上是有：我會聽到更多的模式變化，但初次聽到時的感動並沒有再現。

「這就是問題的癥結，」格立菲先生說。「初次聽到或看見美的東西，有可能是最強烈的。有時候，對那件東西的感覺好像在第一次體驗過後就消失了，初次看到畢氏定理的證明的機會只有一次。」

這個想法在我的腦海中縈繞了很多年，在我開始學邏輯、程式設計、量子力學、廣義相對論、微分拓樸、碎形幾何、動態系統及近來學數學生物學的時候，這個想法又更鞏固了。這一切都牽涉到「初次」。譬如初次學到哥德爾配數法（Gödel numbering）時，你會先把數指派給變數和邏輯運算，然後再指派到命題。[19] 如果你做得很仔細（哥德爾就非常仔細），可以寫出指涉到自己的數的命題，這就會容許哥德爾用來證明不完備定理（incompleteness theorem）的自身指涉（self-reference）。這個想法的絕妙之處，對於它會行得通的驚喜，只容得下一種反應：「渾身悸動，說不出話來，感覺昏厥，宛如從高處墜落的遙遠記憶。」[20] 重新檢查證明，反覆推敲，可以揭露你最初探究時遺漏的些微差異，但無法讓在這種美面前的絕對敬畏感再現。

當我看到美的事物，最初的領悟夾雜著悲傷，因為我知道我對它不會再有這麼強烈的感覺。當我看到漂亮的事物，並沒有像第一眼看到美的事物時附帶的那種驚歎反應。隨後

再看見同一件漂亮的東西，會產生大致相同的樂趣，我們不會感到悲傷，因為最初的印象可以再現。

幾何帶來的一部分悲傷就來自這裡：我們見到美的幾何構圖的第一眼，以一種不可逆轉的方式改變了我們的想法。我們無法再次經歷第一眼。

接下來我會再舉個例子說明這方面的悲傷，而且要再次回到碎形幾何。我在耶魯教這門課的二十年間，第一天都會概述一下自相似性的基本概念。請回想一下第 1 章談過的，佘賓斯基三角形由三部分組成——下面圖中的左下角、右下

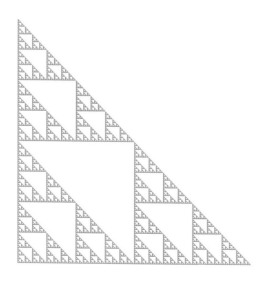

角和左上角。各個部分都與整個形狀相似，因此用自我相似來形容。接下來我會舉一堆自然界的例子：蕨類植物、樹木、流域、海岸線、山脈、地球上的雲、木星上的雲、恆星雲、我們的肺部、循環系統和神經系統、華萊士·史蒂文斯（Wallace Stevens）的幾首詩，許多（夠長的）音樂片段等等。自相似性的主題顯示出一種對稱性，也就是放大之後的對稱性，它提供另一種理解自然界中許多形狀的方法。

第二堂課的重點放在尋找生成碎形圖像的簡單規則。我們再從佘賓斯基三角形開始。現在把整個三角形縮小一半，然後把縮小的三角形送到原始三角形左下角那塊的位置。把整個三角形再縮小一半，然後把它移到三角形底邊的右半部，即右下角那塊的位置（中間的圖）。把整個三角形再縮小一半，然後移到三角形側邊的上半部，即左上部分的位置（右圖）。把這三個規則應用到佘賓斯基三角形，你就會得到佘賓斯基三角形。事實上，佘賓斯基三角形是應用這三個規則之後「唯一」保持不變的形狀。[21] 把這些規則應用到其他的形狀，不會得到相同的形狀。譬如嘗試把這三個佘賓斯基三角形規則應用到貓圖上，迭代一次之後，會得到三隻小貓。假設我們再把這三個規則應用到這三隻小貓上，就有九

隻更小的貓。繼續迭代下去，最後貓家族看起來變成佘賓斯基三角形了。現在，經過許多次迭代後，生成的圖仍然由許許多多非常小的貓組成。佘賓斯基三角形是這個過程的極限，但這一連串貓圖貌似可以證明這個過程的極限是佘賓斯基三角形。

當投影機把這一連串貓圖放映出來，一次一個，課堂上的每個人都盯著螢幕，很多人看得張口結舌。我聽到有人倒吸氣的聲音，還有不少粗話。怎麼會這樣？他們想知道。接著我們就開始介紹比較普遍的變換，結合了旋轉、鏡射與平移和縮放。只要有足夠的練習，就不難找到更複雜的碎形規則，譬如次頁所示的規則。儘管如此，每年仍有十幾個學生告訴我，找出規則的能力反而會妨礙他們從形狀本身得到樂趣。一旦他們學會看碎形分解，這些形狀就失去一部分的美感。

所以我們看到了不可逆性，但你會把它稱為悲傷嗎？我的學生當然不會。如果他們描述過自己的印象，多半會說他們很難過，而有些人會說，先前的謎團現在換成要努力看出鏡射、旋轉和平移，讓他們很惱怒。這些很美的碎形已變成小小的幾何謎題，沒有半點悲傷。

悲傷需要的不僅僅是不可逆性。悲傷是不可逆性加上失去的情感重量，再加上超凡性。如果失去的事物對你而言不是極為重要，你就不會因為失去它而感到悲傷。我的學生當中，即便有人把幾何視為人生最重要的事之一，也是少數。

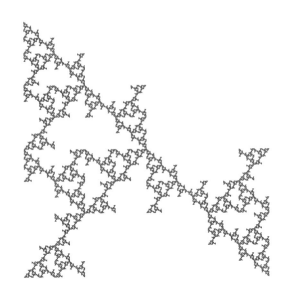

　但我就屬於這種人。我每學到一點新的幾何知識，每打開知覺空間中的一扇門，就有其他的門會關上。我漸漸明白，關上的每一扇門都會永遠擋住所有的可能性；我無法用一種因過去所學的知識而弄清楚的方式來看待新的問題。情況一定是這樣：我學到的每一點幾何知識，都有可能讓我看出以其他方式不會注意到的關聯，但如果沒有那一點幾何知識，也會讓我看不清本來可能看得到的關聯。失去這些可能的世界，我確實會感到悲傷，雖然不像我在失去父母或比我短命的貓時感受到的那麼悲傷，但這種失去仍然會刺痛、灼痛，而且不可逆轉。

　這個論點可能看起來很蠢，除非你像我一樣被幾何吸引住。對你來說，這會很蠢。但我的目的是要幫你找出你人生

中的相似部分。對潛在失去和潛在悲傷的知覺，可能會幫你更清楚處理實際悲傷情況的方法。我舉個例子。

許多年來，我都用亨利‧赫維茲（Henry Hurwitz）的故事為我的碎形幾何課劃下句點。1990 年代初期，我在紐約州斯克內塔第（Schenectady）的聯合學院（Union College）任教。我在那裡開了一門大二到大三程度的數學課，講碎形幾何和混沌動態系統。聯合學院物理系的戴夫‧皮克（Dave Peak）想開一門內容相似，但沒談那麼多數學的課，目的是向非主修科學的學生介紹量化思考。結果我們發展出這門課，並且聯合授課。後來我們離開了聯合學院，我把這門課帶到耶魯，戴夫把課帶到猶他州立大學，我們所開的課各自逐步發展，但根本同源。我和戴夫一起開課的那些年，是我人生中最快樂的歲月，我不知道如果我們當初留在聯合學院再合作二十年，會擦出什麼火花。我為那份失去感到悲傷，非常悲傷。

雷夫‧阿爾弗（Ralph Alpher）絕對是聯合學院最知名的老師。阿爾弗是加莫夫的學生，他所做的一些初始計算結果，把大霹靂模型從一個引發聯想的草圖，變成具有可檢驗預測結果的可靠宇宙起源論。阿爾弗在奇異公司位於斯克內塔第的研究實驗室工作，最後到聯合學院任教。

赫維茲是奇異公司（GE）的核物理學家，他在奇異認識了阿爾弗。赫維茲退休後，因為知道核物理不是他可以在家裡從事的嗜好，所以去買了一部 IBM 個人電腦，開始找

家，然後在他的妻子來應門時說：「聽聞亨利不久於人世，我非常難過。我來是想找他聊聊一個數學問題。」基於幾乎一樣的理由，打電話也不妥。那個時候很少人用電子郵件，再者也太沒有人情味，所以我寫了一封信。我告訴赫維茲，我和戴夫非常喜歡與他一起工作，還承諾我們會完成這個問題的證明。（我們做到了。[23]）我在星期二寄出了這封信。接下來的那個星期一，赫維茲的遺孀打電話來。赫維茲在星期四收到信，讀了，想了一會，然後表示他不相信我和戴夫能把證明完成。他停用止痛藥，繼續解這個問題，勾勒出剩下的所有步驟。赫維茲的遺孀說，他們在赫維茲的最後幾天看到他處於最佳狀態，專注解題。這是他最喜歡做的事。我要在他的追思會上致詞嗎？

上臺致詞的人除了我，還有阿爾弗和諾貝爾獎得主伊瓦・吉耶弗（Ivar Giaever），吉耶弗在壬色列理工學院（Rensselaer Polytechnic Institute）任教，同時也是赫維茲在奇異公司的同事。我在追思會上和課程結束時說的是：我從赫維茲身上學到很多，但最重要的一件事是我觀察工作中的赫維茲所學到的：你應該做你熱愛的事情。如果你把人生虛耗在自己討厭的工作上，只為了賺大錢，那就是在浪費遺傳物質。赫維茲熱愛解題，我愛教書；教育的真正目的是嘗試許多領域，發現你真正的愛好。

我的教書生涯告一段落時，我能給的建議和看法就只有，單純觀察要如何想清楚自己喜歡什麼。現在我知道了。

不妨想像有某個領域的工作，你永遠不得其門而入。你會感到悲傷嗎？不單單是感傷，而是真正的悲傷。這是判斷你是否喜愛某件事的方法。

2016 年春天，我放棄了教職。身體不好讓我力不從心，知道自己能夠投入的心力達不到我的學生理應得到的水準，所以與其敷衍了事，我寧可辭職。這對我的打擊程度比較像是榔頭重擊，而不是球棒。我感到悲傷，現在仍然是。

還有：每當我從仍在上課的夢中醒來，劈面而來的那股悲傷讓我知道，我確實用了四十二年的人生做自己喜歡的事。不論這份工作多麼平凡，那是我本來就應該做的。幾何與教書，還有貓。我無法再教書了，幾何每天都會從我的腦袋鬆脫一點。一扇門永遠關上了，另一扇門也開始關閉。每一天我都為它們心碎。但我和妻子仍然可以享受春天的早晨，秋天的傍晚，我們仍然可以照料貓，以貓的陪伴為樂。

幾何的悲傷主要和幾何學家有關，但我希望我的故事可以幫助你認清對你很重要的人生領域，就像幾何對我的重要性一樣。

另一方面，在下一章我希望讓你相信，悲傷的幾何與每個人都有關。

第 4 章

故事

不連續路徑的影子。

　　每個人感受悲傷的方式不同，量身剪裁、雕刻和銘刻，是僅限我們自己能看的。然而現在我要論證，幾何學有一種方法可協助我們了解自己專屬的悲傷形式，它不是分階段的圖，而是一組穿過某種抽象空間的路徑或軌跡。首先我們要來看看它如何幫助我們，然後看看為什麼。

　　這種抽象空間不單單是情感的空間，也不只是波赫士的短篇小說〈歧路花園〉所暗示的大量分岔時間軸，我們所做的每個抉擇都會在所有可能發生的未來人生中，選出一個分支。[1]我稱之為「故事空間」的這個空間，是非常高維的，甚至可能有無限多個維度，世界裡每一個可影響你的人生的獨

立組成部分，它都提供了一個維度。這聽起來太過籠統，沒有多大用處。沒有人能追蹤到這些維度附近的「一切」，就連過度警覺的美國海軍陸戰隊偵察兵也不例外。故事空間的效用可見於我們不斷變化的關注焦點上。對於影響自身行為的生活和環境，我們隨時察覺的層面可能不到十個，但長久下來，情況有所改變，重要的層面（也就是維度）也會跟著改變。我們穿過故事空間的路徑，是一條局限在故事空間低維子空間的模糊軌跡，但那個子空間、那些維度會隨著我們的人生發展而改變。

幾十年來，故事空間的想法一直我的腦袋外圍舞動，當我和詩人記者艾蜜莉亞·尤里（Amelia Urry）為《碎形世界》（*Fractal Worlds*）這本書的第 4 章，討論文學中有什麼碎形的例子時，它也是我們經常聊到的附帶課題。

我們接下來會用故事空間的「人生路徑」模型，儘管還有其他的可能選擇。在其中一個，時間不是自變數：回憶和想像把我們帶到過去和未來，替時間是一種突現現象的概念提供了某種敘事語句。我們可以記住過去卻記不住未來，也許能解釋成我們必須把撲面而來的資料集中在一起；我們無法為了記住未來，去感知並處理足夠多的細節。這個非常難處理的想法，在物理學家卡洛·羅維利（Carlo Rovelli）的精采著作中解釋得很清楚。[2]

已經有作家探究過故事的其他幾何表述。馮內果（Kurt Vonnegut）的散文〈這是一堂創意寫作課〉是個有趣的例子。[3]

約翰・麥克菲（John McPhee）對敘事結構與地形特徵的相似處提供了有趣的概述。[4]不管喜不喜歡，我們的身邊都是幾何，它影響我們的知覺，把我們的想法整理成許多類別，還能幫忙找出我們沒注意到的模式。

故事空間的可能維度有哪些？如果是做特定的某種分析，我們可能只會去關注少數幾個，但讓我們從多一些維度開始。下面是故事空間的幾個維度。

- 有形的位置
- 情感狀態
- 有形的環境
- 附近的人
- 近期記憶的現有內容
- 你意識到的任務
- 行動空間（故事情節）

這些只是粗略的類別：每個大類都可以再細分出更獨立的坐標。舉例來說，情感狀態可用「恐懼—自在」軸上的位置來描述，而且獨立於「冷靜—憤怒」軸上的位置。還有許多其他軸。這些軸是獨立的，因為你感到恐懼或自在的程度不會對你感到冷靜或憤怒的程度有任何影響。

真的是這樣嗎？我們能不能同時感到自在又憤怒？按照個人的經驗，我可以很肯定地說，答案是：能。那時我在讀

七年級，學校離我家大概有三公里多，我很喜歡走這段路。某天下午我在路上看到一個（塊頭比我大很多的）九年級學生，從灌木叢中抱起一隻貓，接著從他的褲子口袋拿出一罐打火機油。在他還沒打開蓋子之前，我快狠準地用整個身體從後面撞他的膝蓋。貓毫髮無傷地逃開，而我狠狠地打了那個小子。我不會為那個舉動或我當時的感受感到自豪，但事實是，我對那個小子感到憤怒，同時又對我的救貓之舉感到自在。把這些隱藏在大約六十年的面紗後的感受分解得更細，是不可能的。

　　情感狀態也牽涉到「感傷—快樂」軸上的位置，以及腦袋能想到的其他許多軸上的位置。我曾讀到我們有八種情感狀態，另一個原始資料說有十種，還有一說是二十種。那我們就選定「很多種」好了。如果你去看這些清單，就會發現上面列出了不同的情感狀態，如果這讓你迷惑不解，簡略的

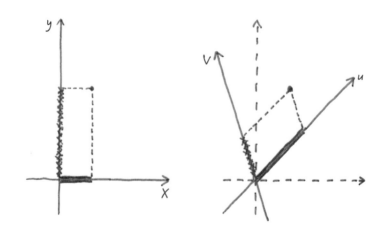

答案是：複雜的情感狀態可用很多方式分解。

　　利用前頁的圖可能有助於說明分解，我們可以把分解想成是用不同的坐標系去定出一個點的位置。在左圖中，我們看到平面上每一點的位置都由 x 方向上的距離（x 軸上的粗實線）與 y 方向上的距離（y 軸上的粗交叉線）來確定。在右圖中，我們看到同樣的點也可以由 u 方向上的距離（u 軸上的粗實線）和 v 方向上的距離（v 軸上的粗交叉線）來確定。任何一對 u 和 v 方向只要彼此不平行，都可用來定出一個點的位置。

　　若要舉個實例，我可以根據經緯度或指明城市和地址，來描述我所站的（大概）位置。兩種方法都說出了大致相同的訊息，但使用的坐標系大不相同。

　　在更高維的空間中也可以做類似的建構，但圖形更難畫。把這些概念一般化的恰當方法，正是線性代數這門數學的探討主題。

　　有個有用的論點是，我們不論何時，只能注意本身在故事空間中的少數位置坐標，在後面我們會把這個論點稱為「有限注意力原則」。我們的完整位置永遠有定義，但我們只會意識到這個位置在一個子空間的投影（projection）或影子，這個子空間只用少數的坐標來定義。子空間是什麼？就是你忽略一些坐標時得到的結果，譬如 xy 平面是三維空間的子空間。

　　我們所列的簡略維度清單只是個開頭，現在我們準備

用一個儘管愚蠢、但有限的例子來具體說明。比爾和史蒂芬在山林間健行，一路上相當自在愜意，史蒂芬又比比爾更自在。比爾聽到聲響，可能是熊，所以他開始提心吊膽。但沒多久他就發現那個聲響是一隻鹿製造出來的；他的擔憂恐懼逐漸消失，開始自在地走起路來，但還是比他聽到聲響之前不自在，畢竟下一個聲響可能會是熊（見下面的圖）。

史蒂芬比較不熟悉山林，所以他不像比爾那麼快注意到

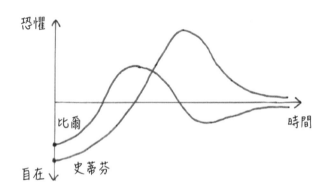

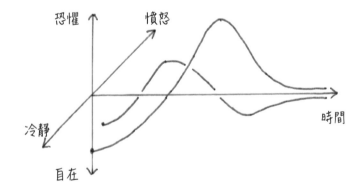

或處理聲響。因此，史蒂芬比較晚才開始感到恐懼，而且恐懼的程度超過了比爾，又因為他比比爾晚看到那頭鹿，所以比爾的恐懼感開始消退時，史蒂芬仍感到越來越害怕。最後史蒂芬變得不那麼害怕了，但在看到鹿之後仍然提心吊膽一段時間。

在時間為橫軸、「恐懼—自在」為縱軸的二維圖形中，我們看到比爾和史蒂芬的路徑相交於一點。從這個簡單圖示可看出，比爾和史蒂芬在某一刻有相同的心理狀態。

現在加一個維度：「冷靜—憤怒」軸。假設在這段熊恐慌期間，史蒂芬在這條軸上的位置為 0，也就是說，史蒂芬的路徑維持在「恐懼—自在」軸和「時間」軸定出的平面上。讓曲線和直線交叉穿越，應該有助於剖析圖中描繪的第三個維度。

我們再假設比爾起初有點生氣，也許是因為史提芬扔掉了他們的很多日用品。（如果這聽起來很荒謬，不妨翻閱一下比爾·布萊森令人捧腹的作品《別跟山過不去》，這本書是這個小小例子的靈感來源。[5]）時間久了，比爾的怒氣也消了，但仍然有點生氣。正如我們在前頁圖的下半部看到的，比爾的心理狀態以三個維度呈現，和史蒂芬的心理狀態永遠不會重合。

這個簡單的例子顯示，加了維度之後，我們有可能看到看似相交的路徑實際上是不相交的。相反的，移除了維度之後，也就是透過投影、觀察影子，可能會讓不相交的路徑看

起來好像相交了。但「看起來好像」不完全正確：在它們投影的子空間中，這些路徑確實相交了。

我們為什麼要在意？在後面我會論證，如果在故事空間中看悲傷，悲傷就由路徑中的不連續性、跳躍、中斷來代表。接著，如果我們用恰到好處的方式投影，兩段中斷路徑的影子就會彼此靠近，也就是說，在這個投影世界裡，悲傷已經減輕了。

這行得通嗎？這一點幾何真的能讓永久失去的強烈感受平靜下來嗎？

我們準備從悲傷和不連續性之間的關係談起。我們在高中代數課學會區分不連續路徑和連續路徑，但在這裡我們只需要靠直覺，而不是數學定義。如果筆尖不用離開紙面就能畫出一條路徑圖，這條路徑就是連續的；如果你必須拿起筆才能畫完一條曲線，那麼從這條曲線的一段到另一段的跳躍處，就是個不連續點。

為什麼我們會在故事空間中找到不連續的路徑？悲傷是永久失去的表現，為了說明故事空間幾何的含義，我要以我母親的辭世為例。我和家人的故事空間分割成不相交的子空間：「有媽媽的世界」和「沒有媽媽的世界」（見頁122）。我媽去世後，家裡每個人的路徑都從有媽媽的世界子空間跳到了沒有媽媽的世界子空間。〔如果你熟悉線性代數中的子空間，就會發現我在這裡隨意做了一些改動。不妨把子空間的這種用法想成一種隱喻，或者乾脆稱它為子流形

（submanifold），而不是子空間。〕關於這個結構，現在必須提兩個重點：

- 從「有媽媽的世界」跳躍到「沒有媽媽的世界」是不可逆的。沒有哪條人生軌跡是從「沒有媽媽的世界」跳躍到「有媽媽的世界」。
- 「每個人」的故事空間都包含了一大堆令人眼花撩亂的不連續點，但只有那些伴隨了情感重量巨大的事件的不連續點，才會變成我們個人軌跡的重要部分。

悲傷是不連續性的唯一來源嗎？所有的不可逆性都必須由不連續點來表示嗎？你第一次看彼得・謝勒（Peter Sellers）在《無為而治》（*Being There*）這部片中的演出時的不可逆性呢？[6]最後一個鏡頭的驚喜無法再次感受，而且每當你在別部電影看到謝勒，都會看到他在《無為而治》中飾演的園丁錢斯（Chance）走過水面，把他的長柄雨傘插進水中，只剩握把露出來，同時音樂響起，在片中飾演總統的傑克・沃登（Jack Warden）吟詠著旁白：「人生是一種心理狀態。」沿著一條恰當的軸，例如「錢斯是園丁神？」這條軸，這就可能包含一個不連續點。但這條軸對你的人生、對你的思維很重要嗎？當然不如「媽媽還在世嗎？」這條軸來得重要。沿著一條帶有巨大情感重量的軸上的不連續性，是悲傷

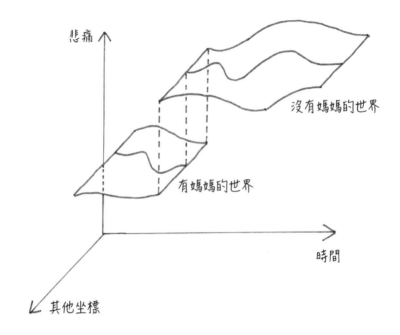

所必需的。

　倘若我們忽略時間軸呢？當我們沿著一條代表時間以外的其他東西的軸改變位置，能不能找到不連續性？這是個有趣的問題，我會讓你想一想。故事空間的幾何提供許多探究的機會。

　我們最後會用一個簡單的例子為這一章劃下句點，那個例子在說明熟悉故事空間可能會如何幫忙減輕極度的悲傷。在開始講這個例子之前，我必須強調，我「不會、也不能」提供撫平悲傷痛楚的籠統方法。我可以舉例給你看，但你能夠怎麼做，或能不能做到，在細節上要看你指派給故事空間

各軸的分量。

　　我不會建立一個涉及我失去父親或母親的例子，而是會構思出關於我們的第一隻貓之死的例子，這是一隻受虐的小流浪貓，珍叫牠 Scruffy。我們在斯克內塔第的隔壁鄰居有養貓，也會餵流浪貓，所以經常有貓光顧我們家的院子。珍喜歡貓，我也喜歡，但我對貓嚴重過敏。有隻小黑貓開始在我們的院子裡活動，牠會等珍從奧巴尼醫學中心下班回家，然後跑向她，在她腳邊磨蹭。珍會摸摸 Scruffy，只要她坐在我們後院的長凳上，Scruffy 就會跳到她的腿上，蜷縮起來打盹。幾週後，珍帶 Scruffy 到本地的獸醫診所打預防針，我待在家工作。半小時後珍打電話來，邊哭邊說 Scruffy 檢驗出貓白血病陽性。雖然有疫苗，不過一旦感染貓白血病就無法治癒，會致命，而且傳染力極強。Scruffy 可能必須安樂死。我想去獸醫診所道別嗎？不是特別想，但妳聽起來需要人陪伴，我幾分鐘就會到。

　　獸醫診所離我們家大約五條街。我開始邁步。隨後我想：Scruffy 是非常可愛的貓，很有感情，性情溫和，我們為什麼不能把牠養在地下室？我只要待在樓上就行了。對，這應該行得通。接著我納悶，貓是如何安樂死的？獸醫替貓打一針吧，我心想。如果獸醫現在就準備注射怎麼辦？所以我跑了起來。我很懷疑我生平跑過的距離有一英里這麼多。但我開始跑了。衝進獸醫診所。珍在哪裡？一號診間。我走進一號診間。Scruffy 在珍的臂彎裡，獸醫正在準備注射液。（要

用兩劑。）我用不必要的特大音量喊著：別打！別打！我們可以把 Scruffy 養在地下室。你的過敏怎麼辦？珍問。去他媽的過敏！——又是用沒必要的特大音量。我們才不要因為我對貓過敏而殺死一隻貓。獸醫說，這是仁慈的舉動，只不過 Scruffy 最多大概只能再活六個月。不要緊，我們會在牠餘生照顧牠。

所以 Scruffy 搬進我們的地下室，而我有六個月沒去地下室，洗很多次手，吃很多抗組織胺。六個月後，我們白天讓 Scruffy 在屋子裡跑來跑去，然後把牠留在地下室過夜。洗更多次手，吃更多抗組織胺。收養牠一年之後，我們一直讓 Scruffy 在屋子裡跑來跑去。不用留在地下室的第一天晚上，Scruffy 跳上床，鑽進被窩，蜷在珍的肩膀上。牠每天晚上都如此，幾乎六年如一日。愛治不了病，但可以大幅放慢它的速度。

我們知道 Scruffy 什麼時候走到生命的最後。貓白血病引起真正的白血病。我和珍都有家人因病去世，所以熟悉一般的情緒機制，同時明白所剩的時間不多。經驗並沒有減輕預期的痛楚。甚至在那時，不可逆性也讓我痛苦，至今已經快二十年了。Scruffy 會死，牠永遠不會死而復生，對此我無能為力。

我們把 Scruffy 帶到獸醫的診所。獸醫給了牠第一針，鎮靜劑，然後讓我們獨處，直到準備好為止。Scruffy 在診療檯上坐起身，我們撫摸牠，跟牠講話。牠看著我們，發出呼嚕

聲。隨後牠前腳癱軟下來，我們請獸醫進來，他注射了第二針，Scruffy 就走了。世界頓時變暗，汪洋一片。

從那之後，我們陸續收留了其他流浪貓。到目前為止我們已經失去了 Crumples、Dinky、Chessie、Dusty、Bopper、Leo 和 Fuzzy，每一隻不是在我們的獸醫診所就是本地的動物醫院，每一隻都得了癌症，每一隻都讓我們心碎。我知道天地間沒有任何東西，可以寬慰「Bopper 還活著」到「Bopper 死了」的不可逆變化所帶來的立即反應，或改變方向。有那麼一刻，我們像自由落體一樣墜落，地板撐不住我們的腳，我們就往下墜。我們擺脫不了那些第一瞬間難以忍受的悲傷。但從 Scruffy 開始，我找出一種減少那些初瞬之後餘留的悲傷的方法。

但我們其實不想擺脫悲傷，因為悲傷的感受與同理的感受緊密錯綜地繫在一起。我是在 2020 年春天寫這段文字的，看著美國政府行政機關的指揮者犯一個又一個錯誤，執迷不悟地設法「處理」COVID-19 疫情，我可以把許多甚至幾乎所有的失策，追本溯源到兩個問題：對科學缺乏了解又不願意聽取科學家的意見，加上對普通人缺乏同理心，這個病毒及其影響已經讓這些人的生活天翻地覆甚或死亡。缺乏同理心是我們沒辦法有效應對全世界的問題的主因之一。萊絲莉・傑米森（Leslie Jamison）的精采著作《同理心考試》（*The Empathy Exams*）探討了這方面的許多層面。[7] 因此，我們的目標應該是減少痛苦與悲楚，而不是消除。

這會牽涉到故事空間中的一些聯想。我們就先把投影看成影子吧。在豔陽或燈光下，把手水平伸開，然後張開手指和拇指，讓手指在人行道或地上投射的影子盡可能分散開來。接著轉動你的手，看著手指和拇指的影子越靠越近，設法縮小影子的間隔，但不要完全重疊。（如果要看更神奇的例子，可以在 Google 圖片搜尋網頁輸入「Godel, Escher, Bach」。搜尋到的圖片顯示了兩塊木雕的影子，一塊懸在另

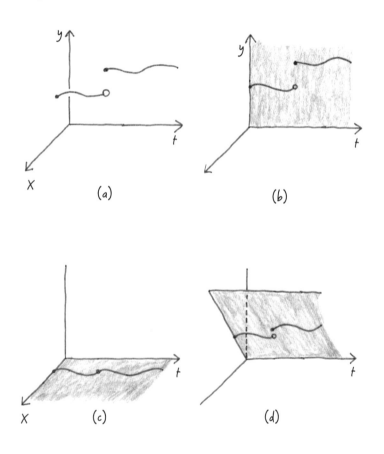

一塊上方，而光源來自三個方向。在其中一個鉛直平面上，G 的影子在 E 的上方，在跟它垂直的鉛直平面上，E 的影子在 G 的上方，而在水平面上是 B 的影子。）

現在來看我們的模型，如前頁分成四部分的圖所示。在左上角的圖（a）中，我們看到一條用三個維度繪出的軌跡，x 軸和 y 軸分別代表故事空間中很重要的兩個量，t 代表時間。請注意，在不連續點，這條軌跡的 y 值出現了跳躍，x 值維持不變。

在圖（b），我們看到這條軌跡在灰色的 yt 平面（也就是由 $x = 0$ 所定義的平面）的投影，或稱影子。由於在圖（a）描述的跳躍只出現在 y 方向上，因此在圖（b）的投影中呈現出的跳躍與圖（a）中的跳躍大小相等。

圖（c）顯示了這條軌跡在 xt 平面（亦即由 $y = 0$ 定義的平面）的投影。因為跳躍時 x 值固定不變，所以這個投影沒有出現任何跳躍，因此我們把它稱為「平凡投影」（trivial projection）。這個跳躍只有 y 值的變化，而這個投影忽略了該變數，這不太可能有用處。

在圖（d）可以看到軌跡在 $y = x$ 平面的投影，在這裡看到的跳躍比較小。事實上，只要調整平面的斜率（也就是 $y = mx$ 所定義的平面的 m 值），就可以得出長短不同的跳躍。為了讓斜率 m 有意義，我們在替坐標軸選定刻度時，必須能夠做一致的比較。如果跳躍幅度與悲痛程度有關，那麼這個投影就可以引導我們思考如何把注意力集中在少數因素上，

去減輕我們應對不可逆轉的失去時承受的痛苦。

現在我準備嘗試舉個例子。為了化解失去 Scruffy 帶來的悲傷，有一段時間我嘗試了我用來處理疼痛的做法。我不是忽視疼痛，反而把注意力集中在疼痛上，其他什麼事都不去想，直到只剩下疼痛為止。有時候，但不是一直如此，疼痛會變得難以辨認，陌生，而且不是問題。我不知道那是什麼，這種感覺會和平常的疼痛感脫鉤。這種做法對悲傷有效嗎？

（這種處理疼痛的方法，是受童年時的某個經歷啟發出來的——我承認到目前為止成效很有限，但不是完全沒有。我和弟弟史蒂夫睡同一間臥室，這間臥室是父親從我們家的閣樓擴建出來的。某個夏日晚上，我們把窗戶打開，希望讓涼爽的微風吹進來。有隻狗開始吠叫。史蒂夫問那是什麼聲音。我相信他的意思是，我知不知道那是誰家的狗，但我就當這個問題只是在問什麼聲音，於是問道：「只是獵犬在叫。」史蒂夫說：「獵犬。」我回應：「獵—犬。」這個詞我們來來回回說了十幾次，最後我們都注意到「獵犬」這個詞可真奇怪。我們再也看不出構成「獵犬」這個詞的發聲與狼的馴化遠親之間有任何關係。反覆說這個詞和特別關注它的發音，暫時清除了它的語意。我預期這是一種常有的經驗。一連串聲音的全然陌生覆蓋掉熟悉感，而這些聲音本來代表一種熟悉的物類。）

雖然專心排除所有其他事物對於詞語和聲音的翻轉可能有效，但沒有化解失去 Scruffy 的痛苦。我需要換別的方法。

分散注意力也許有效，然而我討厭這個主意。分心似乎是在否認，或至少是在忽視 Scruffy 在我們生活中的重要性。所以我想起 Scruffy 生命中的小角落：牠如何從地板上跳到我們的肩膀上，如何坐在打開的窗前，透過紗窗發出聽起來像鳥叫的喵喵聲，如何爬上擺在地下室的書架，在一疊《科學美國人》舊雜誌上撒尿，牠如何在我斜躺沙發上苦思幾何問題時，坐在我的胸口，還把頭埋進我的下巴。還有很多其他的回憶。單靠這些回憶，甚至連牠在《科學美國人》上撒尿的回憶，都會放大永久失去的感受。這方法沒有用。但後來我想到其他的貓，主要是我們的鄰居比爾和韋德的貓。我從牠們身上觀察到的行為真夠古怪了。Rosie 被餅乾的香味引來，很有耐心地坐在廚房，等著分食一小塊剛出爐的烤餅乾。Princess 和牠的兄弟 Wilhelm 會去追鋁箔紙球，再叼回我們腳邊，等我們再丟出去。儘管這些小特徵因貓而異，但多少填補了 Scruffy 不在的空缺。牠離開了；我只能在回憶中看見牠，我知道這些回憶會隨著歲月褪色，這樣我會一次又一次失去他。然而牠讓我喜歡的許多地方，也可以是且確實是其他貓讓我喜愛的地方。我們與 Scruffy 共度的時光，增進並改變了我對貓的認識，可能也包括了我對人的了解。這些關係不會消減牠的離去在我內心加深的悲傷，卻讓我看到與牠相處的時間如何改變我的想法。一扇門關上，另一扇門打開了。

我現在想的是，由於運氣好或出於本能（很可能是運氣

好），我把失去 Scruffy 的悲痛投射到牠的小動作和其他貓的小動作的空間去了。那時我不懂這為什麼有幫助或有何幫助，但確實有用。現在我有個推測。

在應用這種投影概念之前，必須理解至少三個層面：

- 非唯一性。投射到許多子空間，許多情感組合，有可能會緩減悲傷帶來的痛苦。不妨想想豎立在桌面上的鉛筆的影子。如果光源的方向幾乎沿著鉛筆的中心軸，影子會很短。稍微移動一下光源，就會在許多方向上產生很短的影子。在可投影的眾多子空間中，嘗試一個比較熟悉的子空間。
- 移動目標。想一想你對外界的內在模型在去年有多大的變化。真的，想想今天有多大的改變。有什麼事以前對你來說不重要，現在卻很重要？有什麼事過去看起來很嚴重，現在卻認為沒什麼大不了？據我所知，你沒辦法預先規劃投影。這必須即時弄清楚。
- 校準。當你為了減少一定程度的痛苦，而選出你要把悲傷投射到的子空間時，要怎麼知道自己對於定義出該子空間的類別，必須注意到什麼程度？在本章最後我們會舉個例子，闡釋解決這個問題的方法。在故事空間中，這個問題問的是你投射到的那個平面（或更高維的對等空間）的斜率。

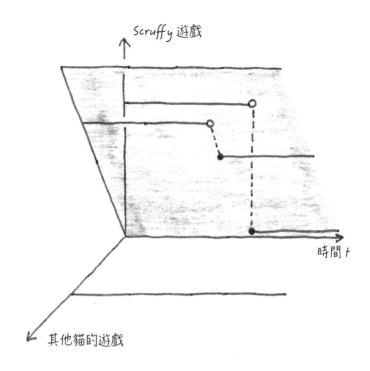

現在我不知道，對那些不是幾何或視覺思維為主的人，這種做法是否有用，但投射到其他平面的想法幫我挑出了這個化解悲痛的方法。前面兩項你必須自己理解。我會鼓勵你去想像各種因素如何互相關聯。讓形狀在你的腦海中扭轉和轉動。一開始這可能很耗費精力，但我確實相信幾何思維的清晰度和獨立自主是無出其右的。

班諾瓦・曼德布洛特和我共事了二十年，也是他促使我從聯合學院轉任耶魯大學，他就有驚人的幾何思考能力。他講過一個故事，說他在法國參加大學入學考試時，有一題是

特別難的三重積分。考完後，班諾瓦的成績讓他想進入法國任何一所學校都可以，他的高中數學老師告訴他，全國只有一個學生解開了那個最難的數學題目，而且那個學生就在他的班上。他（老師）沒辦法在規定的時間內求出那個三重積分。班諾瓦解出來了嗎？解出來了。是怎麼解出來的？班諾瓦說：「我在腦袋裡把那個形狀搬來搬去，然後看出只要適度改一下坐標，就能把三重積分簡化成求某個球的體積，而我知道球的體積。」

班諾瓦第一次告訴我這個故事時，我感到更驚嚇怕，雖然班諾瓦和他的妻子艾麗耶特（Aliette）對我和珍十分友善。但我最後體認到，我不必達到班諾瓦做幾何的層次才能做一點幾何。我們每個人都有自己的技能，要培養你的技能。在下一章，我們將探索一種處理我提到的第三點（即校準）的方法，所根據的是尺度大小。不過，現在我準備舉個簡單的例子來說明直接校準。在這個校準的圖形中（見頁 131），標著「Scruffy 遊戲」的縱軸，代表我看 Scruffy 發明的遊戲所得到的樂趣，標著「其他貓的遊戲」的軸，則代表我在看其他的貓發明的遊戲時的樂趣。在「Scruffy 遊戲」和時間 t 的子空間中，我的路徑在 Scruffy 死去的那一刻有很大的不連續處。Scruffy 死去後，樂趣並沒有完全下滑為 0，因為回憶可以帶來一些樂趣。

在「其他貓的遊戲」與 t 定義的子空間中，我的樂趣始終如一，雖然不像看 Scruffy 玩遊戲那麼喜悅，但肯定比我對

Scruffy 玩遊戲的回憶更喜悅。灰色部分的平面,是我有時想到其他貓玩的遊戲,有時想到 Scruffy 玩的遊戲的子空間。因此,Scruffy 死去後的滑落並不像「Scruffy 遊戲」— t 這個子空間中的幅度那麼大。[8]

徹底校準很難。我需要方法讓我比較自己有多喜歡看每隻貓玩耍。對任何一個實際的應用,都必須採取這些思路。有個非常簡單的替代方法是,我記得 Scruffy 玩的遊戲的相對次數及我看其他貓玩耍的次數的計數。我必須強調,看其他貓玩耍不會分散我對 Scruffy 的回憶,反而會勾起我對牠還活著時的回憶,其他的貓會表現出牠的行為,但略有不同。不過我不想忘掉 Scruffy,所以我會注意我記得 Scruffy 的時間與我看其他貓玩耍的時間的比例,設法確保這個比例不會太少。考慮到這個方法,校準就有可能自己校正。

把這些想法應用到我們和離世者的更複雜關係,所需要的方法比這複雜多了。這裡只是在簡單說明校準如何運作。

我利用幾何是因為自己熟悉,它在我的腦袋裡磨出了六十多年的痕跡。因此,形狀之舞是我把你帶到有用知覺組合的方法的基礎,其他的途徑可能也會把你帶到同樣的目的地。也許你對於世界的意象比較偏聽覺或觸覺。你的生活充滿許多歌曲的片段嗎?那麼音樂就可能引導你如何找出與這些投影相應的東西。

或故事,或電影,或下棋,或烹飪,或跳舞,或花很多很多時間和貓相處。凡是對你很重要的事物,都應該能把你

帶到可緩和悲傷的投影。但我認為,唯有對自己探索的路徑真正具備熱情,這才會奏效。你可能會找到我做夢也想不到的方法,去發現能夠化解悲傷至極的知覺組合。

第 5 章

碎形

一天是一生的實驗室。

我們已經探討了一些形狀的自相似性,特別是佘賓斯基三角形。佘賓斯基三角形的等腰直角版本(見頁 137 上圖)包含了三塊,即左下角、右下角和左上角,每塊都是整個佘賓斯基三角形的二分之一縮小版。這就啟動了一個可永遠進行下去的過程:三塊中的每一塊都由更小的三塊組成,這三小塊又由更小的三小塊組成,以此類推。至少一千年以來,展現出這種對稱性(即放大之下的對稱性)的形狀,藝術家一直很熟悉並且會創作出來。

比較自然的碎形可以透過「貼花印法」(decalcomania)這種程序來製作(見頁 137 左下圖)。顏料會在兩個表面之

間變薄，當表面拉開之後，空氣會擠入，於是製造出錯綜複雜的分岔圖樣。這項表現手法至少有幾個世紀的歷史了，但要到 20 世紀初，才在恩斯特（Max Ernst）、多明蓋茨（Óscar Domínguez）、瑪歌（Boris Margo）和貝爾默（Hans Bellmer）等藝術家的創作中大放異采。複雜的分岔圖樣讓他們的畫作帶有超現實、夢幻般的特質。

自然的碎形在現實世界裡比比皆是。雲朵、山脈、海岸線、河流的水系，全都沒有自然的尺度。比方說，在沒有其他線索的情況下，你無法判斷自己在看近處的小雲朵，還是遠處的大雲朵。類似的結構出現在許多層次上。次頁圖左下角的照片沒有提供尺度方面的任何線索，而在右下角照片中，鱷魚夾透露了儀器的尺寸：我們讓小電流通過硫酸鋅溶液，來生成像碎形一樣的樹枝狀晶體。

碎形也出現在文學中。舉例來說，薩拉馬戈在他的小說《所有的名字》（*All the Names*）中這麼描述墓園的幾何形狀：「我一生中的某刻，在我其實沒注意到這個現象的情況下，居然發現自己深陷進如碎形幾何一般神祕的事物中，我以前完全不了解碎形幾何，在此要為我的無知表示歉意。」[1]

薩拉馬戈把墓碑的排列描述成枝椏茂密的一棵樹，年代最早的墓在樹幹上，最新的墓在樹枝末端。這座墓園的碎形幾何結構，是西班牙數學家加西亞－魯依斯（Juan Manuel Garcia-Ruiz）在 1999 年向薩拉馬戈指出來的。碎形幾何確實是個浩瀚的領域。[2]

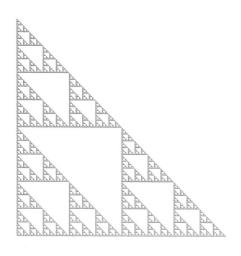

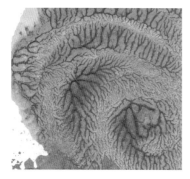

　　我們講這些例子是為了更廣泛描述碎形的特性，所以請別看著我們現實生活中（勢必一團亂）的碎形然後說：「等一下，它看起來並不像佘賓斯基三角形啊。」我們在找尋空間中、時間中或更抽象的背景中，大致在不同尺度下重複出現的模式。

　　下面的例子在說明跨時間尺度的相似結構。

- 考慮一天。你在黑夜中醒來，想想即將到來的那天你會做什麼。到了早上，你開始投入一天的工作；到了晚上，你完成而且回顧了當天所做的事情。然後一天過完了，你去睡覺。
- 考慮一年。你在隆冬中想想快到來的一年你會做什麼。到了春天，你開始投入這一年的計畫；到了秋天，你完成了大部分的工作，回顧了這一年所做的事情。然後冬天降臨，一年過完了，讓自己休息。
- 考慮一生。在童年和青少年期，你為將來要做的工作培養技能。到成年時，你投入了人生的志業；到了晚年，你退休了，回顧自己一輩子所做的事情。然後是生命結束，從此長眠。

這個粗略的速寫當然描繪不出一生中豐富多樣的細節，但確實能讓我們感受一下在不同時間尺度重複出現的模式。除了天生喜歡尋找模式，我們為什麼要在意呢？因為一天為一年，也為一生提供了實驗室。要嘗試在更長的時間尺度影響軌跡，不妨先拿一天的類似變化做個實驗。要怎麼找類似的變化？短時間尺度的實驗之美在於，你可以嘗試許多變化，注意它們的短期影響。碎形特性就提供了一個場所，可在小尺度上檢驗會影響大尺度環境的假設。

接下來我會論證，悲傷發生在不同的時間尺度及痛苦尺

度上。如果我們明白如何處理小尺度的悲傷，能不能幫助我們處理大尺度的悲傷？

　　事實上，我們討論過一個試驗悲傷的實驗室：我們在第 3 章的幾何研究（或把幾何換成你最好奇的關注點）。請挑選一個你不熟悉的幾何領域。我在第 3 章利用碎形幾何，因為這個主題的詳情對許多人來說是陌生的，它是最具視覺效果的幾何學，有可能帶給幾乎所有人驚喜。（事實上也許是每個人。有人給曼德布洛特看和碎形有關的新計算結果、實驗或觀察時，他的喜悅溢於言表。這位事業正值巔峰，才氣縱橫、通常很拘謹的數學家，會因此變成仰望著夜空，忽然看見一顆流星劃過黑暗的小孩子。）我們會繼續看碎形幾何，討論這個課題的某個結論，它是個確實讓很多人吃驚的結論：維度不一定是整數。

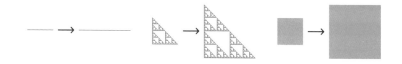

　　好比取一個線段、一個佘賓斯基三角形和一個實心正方形（如上圖所示）。如果把這三個形狀的高和寬變成兩倍，會分別得到兩個、三個、四個原來的形狀。線段是一維的，正方形是二維的，所以當我們把這些形狀的高與寬變成兩倍，會得到 $2 = 2^1$ 個線段和 $4 = 2^2$ 個實心正方形。在這些例子中，維度都是指數，而且後來發現，這對於所有的自我相

似形狀都成立。因此，佘賓斯基三角形的維度 d 可由 $3 = 2^d$ 求出來。好，$2 = 2^1$ 且 $4 = 2^2$，所以佘賓斯基三角形的維度會大於 1，小於 2。尺寸越變越大時，佘賓斯基三角形比一維的線段增長得快，但比二維的實心正方形來得慢。[3]

佘賓斯基三角形占據了介於一維和二維的世界。我的一些學生在剛開始努力嘗試弄懂這件事的時候，會以為平面上的細長條介於一維和二維之間。細長條沒有占整個平面，所以他們猜它不是二維的；再者，它比線段粗，因此超過一維。第二個說法幾乎正確，因為所謂的維度「單調性」（monotonicity）：部分的維度不能超過整體的維度。第一個說法比較有問題，因為具有面積的形狀（每一個形狀）都是二維的；平面上的細長條是二維的。不過，佘賓斯基三角形有無限多個孔，這麼多孔的面積相加起來會等於整個大三角形的面積，所以佘賓斯基三角形的面積為零。[4]

碎形的維度有很多用途，包括可當作實物粗糙度的第一個可重複量測。把維度的概念延伸到心理或知覺空間，會很難處理，但這是最後的想法，不如說是猜測甚或渴望。悲傷的自相似性暗示，我們可以利用小的失去試驗該如何適應更大的失去。我們能不能量測某個投影的維度，把它解釋成較大的失去和較小的失去的關係強度指引，無論多粗略都行？現在，我不知道，但到最後，也許可以。

以下是個模擬練習：假設你住在空間維度不是整數的世界裡，你的周圍環境看起來會是什麼樣子？[5]要是時間維度

不是整數呢？

疑問比答案多，但這些其實不是問題，只是夢想。

第一次看到這個想法，理解它的言外之意後，你的世界觀就會轉動了。看著我的學生弄明白了，整間教室裡大多數人大為驚奇，少數人感到頭暈目眩。

「這個」正是讓教書是與眾不同的經驗的原因，而讓我不能上課的唯一理由就是在醫院裡。即使到現在，離開教學崗位五年之後，我仍然夢見自己在教書。我醒過來，覺得決定退休真是我所犯的一大錯誤。

視覺圖像的複雜性、樹皮的粗糙度、雲朵的蓬鬆度、樹枝或蕨葉的密度，這一切現在都透露出一種數字感。初次明白這件事時，你會想：「到目前為止，我這輩子都沒透過這種方式去理解世界的複雜性。」現在你學會了新的量測方法，但這種驚喜感會隨時間逐漸消失，起初的豁然開悟不會重演，你會用這種方式，為永久失去初次大開眼界的嘆服而悲傷。

我們能重新獲得這種感覺的共鳴嗎？或許可以。我們可以把發現非整數維度的驚喜，投射到許多不同的情境中；把碎形的各個組成部分大小相同的簡單公式，推廣到不同縮放倍數的自我相似形狀，推廣到只允許某些變換組合的碎形（我們在第 1 章看過一個例子），推廣到隨機選擇縮放倍數的碎形，推廣到縮放比例並非線性的碎形，以此類推。碎形維度的簡單公式（在附錄中會介紹）可以推廣到越來越多的

情境，所有這些版本都帶有原始公式的拇指印。每一個延伸都是個小驚喜，給人的刺痛就類似最初看到非整數維度時的震驚。

在收集這些類似的公式時，我們會看出它們都是更大的圖像的影子。只要把因為失去非整數維度的最初震驚而產生的悲傷，投射到不同的空間，就可以藉由發現原始驚喜的小共鳴來減輕那份悲傷。但看看這個例子中所發生的事：所有這些投影都讓我們看到了更深層的根本模式。這種逆轉能不能搬移到其他的悲傷經歷去，像是喪親或失去動物的悲傷之中？

據我所知，所有形式的悲傷都是相似的：特點是永久失去某物或某個人，帶有極大的情感重量，且加上些微的超凡性。當然，強度相差很大。由於引進非整數維度而失去認知調適所產生的悲傷，比不上失去寵物的悲傷，而這又比不上失去父母的哀慟。悲傷有程度上的不同，但種類並無不同。或者說，在我看來是如此。

這就帶出了另一個重點：每種悲傷都有很多子集，也就是子悲傷（subgrief）。我們失去一個人，也就失去了這個人做新事情的可能性。每個動作包含了許多片段，也就是子動作（subact），於是我們也失去了這些新事物的可能性。以此類推。如果所有的子悲傷都是相似的，悲傷就會是自我相似的。體認到這種自相似性，或許能協助我們找出緩和悲傷的有用投影。這太抽象了，我們不妨舉例說明重要的概念，這

個例子會比算出一大堆越來越不規則的碎形的維度更有真實情感。

　　我準備回頭談談更普遍性的悲傷：失去父母之痛。這次要談我的父親。媽媽的去世突如其來：中風，然後就走了。我爸爸在我媽媽去世後活了七年，他的身體有一些狀況：糖尿病、心臟繞道手術、肺氣腫和石棉肺症。後面兩個問題是他二戰初期在紐波特紐斯造船廠的工作導致的，他剛開始的其中一份工作是在船上彈藥庫的牆壁之間噴灑石棉。最後他擔任一名電機士官長的助理，在約克鎮號（*Yorktown*）航空母艦上安裝過許多著陸燈。然而他的石棉絕緣材料工作最後讓他撒手人寰，輪班結束時他看起來像個雪人，沒戴防毒面具的雪人。唉，戒菸五十年也無濟於事。

　　我爸在我媽去世後留在老家住了五年，這個房子大部分是他一手打造和升級的。他學會做飯，洗衣服，稍微打掃。依賴外部氧氣來源讓他不得不在住家附近，他要我妹妹替他找個運動計畫，結果她幫他報名參加附近的銀髮健身（Silver Sneakers）課程。他不再開車，除了去城裡，聖奧班斯是小地方，所以他不用走遠。但他的健康開始走下坡，他變得糊塗，有時候認不出他認識的人，包括我。後來他變得很怕獨居，開始在就寢時把上膛的手槍擺在枕頭底下。某天晚上，他被屋後涼臺上的聲響驚醒，他起身，從枕頭底下拿出槍，穿過屋子走到後門。他打開涼臺的燈，打開木門，然後就在跟他只隔著玻璃防風門的地方，看見一個拿著槍的裸男。老

爸舉起槍，涼臺上的人也舉起槍，接著就意識到他正準備對自己的鏡中身影開槍。（在他講了自己和鏡中身影對決的故事之後，我才知道他習慣裸睡。）沒過不久，他要求搬去安養中心，我的妹妹替他找了一個很好的地方。老爸賣掉房子，搬進琳達所找的地方。

他在那裡住了十八個月。在訪視期間，其他家人會替他跑腿辦事或帶老朋友過來，我一直沒去學開車，所以我就陪在老爸身旁，他坐在搖椅上，我坐在椅子旁邊的長沙發上。通常他會用 DVD 光碟機播放西部片，但偶爾我會偷偷換成詹姆斯·史都華或希區考克的電影。我們會閒聊一會兒。爸爸很快就會打起盹來。據我所知，他看的電影只有少少幾部，看了一遍又一遍，如果有人問起，他都說每次看總會看到新的東西。可能每次他清醒著看到的片段都不一樣。我會要他講講經濟大蕭條時期他在羅斯代爾度過的童年，或是二戰期間他在太平洋服役的往事，或戰後初期的生活和他追求我媽的經過。他最喜歡講的故事差不多有二十幾個，所以在大部分的訪視時，我都在聽他重複講最得意的事跡。偶爾我會聽到新的東西，但通常不會。

到 2016 年初，爸爸的健康狀況急轉直下，進醫院住了幾週，然後轉到安寧病房，然後他就走了。在最後幾天，他似乎和周圍人所看到的現實世界不同。他告訴琳達，某天晚上他和太太（那時已經去世七年了）說了話，告訴她，他們的孩子把他照顧得非常好。他說我媽媽回他：「嗯，要不然

呢？」過了幾天，某天早上他離開了。

由於我父親是海軍退伍軍人，他可享軍葬禮。我以前參加過軍葬禮，所以知道會有什麼儀式。自從我媽去世後，琳達為照顧爸爸付出了很多，尤其是最後這幾年，所以我和史蒂夫請海軍牧師把國旗交給她。牧師宣讀海軍士兵禱詞，接著海軍士兵一絲不苟、十分莊嚴地把覆蓋在父親棺木上的國旗摺疊起來，這些時候我還好。其中一名海軍士兵屈膝跪地，把國旗交給琳達時，我也還好。琳達沒有預期到這個儀式，因而在這時情緒潰堤。過去幾天我以為自己淚已流乾，但當牧師說完「或許你可以摀住耳朵，等下聲音會很響亮」的時候，我發現我錯了。七位退役的海軍士兵和陸軍士兵，每人鳴槍三聲，接著司號吹奏出葬儀號，有史以來最哀戚的音樂。我喘不過氣，淚如泉湧，我彷彿在尖叫，而不是慟哭。

稍稍平復後，我向牧師道謝。她告訴我，有時很難找到七個人來執行鳴槍禮，但因為我爸爸是二戰退伍軍人，所以她找到很多志願者。「除非當過兵，否則沒辦法了解，向二戰期間服役的人致敬是多麼光榮的事。你父親是個英雄。」我知道他是我、琳達和史蒂夫眼中的英雄，但從沒想過其他人也這麼覺得。不知為什麼，更多淚水從我的眼睛落下。這怎麼可能？我沒流淚的時候，這麼多淚水在哪裡呢？

返回康乃狄克州的路上，我和珍聊起我們和爸爸一起做過的很多事情。聊到他替我們家的房子做了多少裝修；聊

到我和珍結婚後不久，我爸媽帶我們遊覽了一趟西維吉尼亞州，向在密西根上半島長大的珍「炫耀」這個州；聊到我媽去世後，晚上他會在涼臺上看星星升起，看草叢間的螢火蟲，還有某天晚上甚至講到夢想，遺憾，過去及未來的不確定本質。這些回憶是有幫助的。我一會兒是和老爸一起換掉家裡的配電箱；一會兒是跟他、媽媽和珍一起騎車經過綠堤（Greenbank）天文臺的電波望遠鏡；或在享受夏日傍晚的第一絲涼意，想知道我的老爸怎麼會忽然明白，並且可以談論很深奧的想法，程度比我聽他討論過的深奧了三個層次。我在過去六十五年裡是不是誤解他了？

這些回憶的幫助維持了半日片刻，但很快就消失了。然而，在父親的葬禮帶來難忍的悲傷後不久，哀痛淡去了一點，為什麼？我對爸爸的愛絲毫不亞於我對媽媽的愛，我許多年都還走不出喪母之痛。這當中的不同之處，我認為是我和老爸已經做過一些演練，他沒有像我媽一樣剎時之間就不在了；父親在去世前的最後幾年，一點一滴地消逝了。

首先，呼吸系統方面的疾病最後逼得父親停下工作室裡的工作。到某個時候，他就知道自己不會再踏進工作室了，我也知道，而且為情況不可逆轉感到心痛。我和老爸在那個工作室做過無數個事項，在我讀大學前，老爸工作室的小角落就是我的實驗室。知道他不會再進去工作之後，我想起我們做過的小事情。修理鄰居的割草機，製作相框和櫥櫃，替左鄰右舍的孩子製作拼圖遊戲和木製玩具車。我把注意力

放在行動，而不是感受上，想像別人也用類似的方式幫助鄰居。我把老爸（偶爾有我在旁邊幫忙）做過的事情，看成是更大的形象的一部分。即使他不會再做這件事了，但鄰居互助的想法和行動會延續下去。投射到「鄰居互助」空間的投影，寬慰了因老爸工作室結束引發的悲傷。

父親的房子賣掉時，也產生了類似的痛苦，但更心如刀割。我和琳達、史蒂夫就是在那間房子裡長大的，那麼多的美好回憶。晚上，三個孩子像幼犬一樣圍在母親身邊；母親讀故事，父親削蘋果、切蘋果，然後分給大家。很多笑聲，有些爭執，有些眼淚。許多故事，許多餐飯，許多交談。房子還隨著我們成長而擴增，我爸加了一個房間，後來又加了一間，我媽縫製窗簾，弄出花園。房間的形狀，空間的幾何結構，拌入了我們的生活。後來我媽不在了，接著我爸住進安養中心，賣掉房子，這也是不可逆轉的。我們再也不會住在那裡了，這種失去也是悲傷的源頭。買下房子的夫婦快有第一個孩子了，他們在第一次看房時就出了價。老爸的翻修升級周到穩固；這麼快就有人出了個好價，他很高興，也感到榮幸。我在房子售出之後立刻和老爸聊這件事，他說那間房子需要一戶人家來住，他很高興又會有小孩在那裡長大。他說得對。要撫平我們失去家園的悲傷，就要把我們在房子裡的生活小細節投射到另一個家庭將來生活在那裡的方式。

在父親去世時，在最初葬禮讓我難忍悲傷之後，在鳴槍二十一響讓超乎我想像的熱淚潰決成災之後，我想起我們如

何熬過失去工作室之痛，如何熬過失去老屋的悲傷。投射到小細節的空間，以及與別人互動的空間。父親為了助人所做的一切事務，譬如替鄰居修繕，替家人和朋友蓋房子，總是樂於聽人講故事，和人分享自己的故事，影響到的不只是他幫助的人。他的行動，以及我媽替其他人做飯和縫紉，都是仁慈和慷慨的例子，這會以細水長流的方式傳播散布。那是爸爸真正留給後人的東西，媽媽真正留給後人的東西。他們離開了，我不會再見到他們，不會再和他們說話，但他們緩慢、溫和、可信賴的工作幫助他人找到那條路徑。「一步一步慢慢來，」當我被某個問題難倒時，爸爸這麼告訴我。他們一步步離開的世界，比他們發現的世界更美好，真的，幾乎任何人能做的最多就是這樣。

這些投影可能不會對每個人都有效。到目前為止，我還沒找到普遍適用的投影，或許一個也沒有，又或許是我不夠聰明，所以找不到。雖然我現在懂得這個方法，但執行是個人的，最主要的工作要由你去做。對我來說，投影幾何一直是有用的視覺化工具，但如果你理解這個概念，而且不喜歡幾何，那就什麼東西都不用去設想。如果你能找到尺度較小的悲傷實例，就拿它們當作探究有效投影的實驗室，然後利用悲傷的自相似性來擴大。如果小尺度的實例是更大的悲傷的組成部分，就像在我自己的例子中，那麼我之所以把這稱為悲傷的自相似性，原因應該很清楚了。我希望你能視自己的情況調整這種方法。

記者兼作家萊拉・桑托羅（Lara Santoro）花了很多年報導非洲的愛滋病傳播情形，因此她見過的悲傷比大多數人多，也找到了不讓自己悲痛欲絕的方法，她稱之為「推遠」。萊拉並沒有陷入當下，被她所見、所聞和所感完全束縛，而是在心理上後退一步，看著正處於這一切哀傷的自己。這種額外的意識層次替可能壓垮的同理心做了過濾。是的，她仍然深陷於她在那些情況下會感受到的絕望的畫面中，但抽身從外面觀察自己的處境，就使絕望不再是全部。這就夠了。仍然會痛苦，非常痛苦，但現在是可忍受的。萊拉把這個概念追溯到史賓諾莎（Baruch de Spinoza），他曾說，當痛苦在我們腦海中形成了清晰的畫面，它就結束了，或說至少變遲鈍了。

我提議的投影法主要是和尋找悲傷中的層次，也就是悲傷的子結構有關。萊拉是向外看，而不是向內看，她的方法從表面上看，很像我在各種維度形式注意到更深度的根本模式的方法。但我堅定地停留在概念的世界中，而萊拉強加了個人元素，把自我意識映射到程序中。她的方法非常絕妙。

這把我們帶回到故事來。我不想以悲觀的氣氛結束，但因為還有一章，所以我在這裡可以做個預警，懇請各位變得比我經歷過的還要好，能避免回首過去的所作所為時發現多半是懊悔的痛苦餘燼，而給自己帶來不可逆轉的極度哀傷。剛開始這個寫作計畫時，我還不確定會把這個寫進來，但現在看來是不可避免的。如果我改變主意，你永遠不會知道。

不過，首先來看海倫‧麥唐納描繪人生發展的方式可能和期待不同：「人生之中總有一段時間，會期待世上永遠有新鮮事，直到有一天，你終會明白根本不是這樣。你發現人生將會變成像是由破洞構成的，空缺，失去，曾經存在，而今不復存在的事物。你也明白，你必須在缺口的周圍和中間成長，但可以把手伸到事物原來存在的地方，感受記憶所在的空間中那股緊繃、閃耀的陰沉。」[6]

　　我在每一個人生階段，都做出了輕鬆自在的選擇。母親希望我成為醫學研究員，但我沒有走那條路，因為它會非常具挑戰性又令人擔憂。我知道我不夠聰明，做不了大事，但我本來可以做些有用的事情。相反的，我學了物理和數學，企圖說服自己抽象的工作從某方面來說比應用的工作「更棒」。真是胡說八道；那是躲避責任的方式。如果從事生物醫學研究，我所犯的錯說不定會對人有害，也許會非常嚴重，但如果我在高等微積分課堂上講格林定理（Green's theorem）的證明時犯了錯，沒有人會死去。

　　我夠聰明，能學一點數學，但沒去做什麼重要的研究，因此我把重心放在教學上。又因為我很多時候會感到困惑，所以我對學生的困惑很敏感，通常我可以看出來，在他們的困惑跨過「發問時間」界限前做出調整。我會說服自己，我教書是為了幫助學生。也許我做到了。不可否認的，教書是崇高的職業，我妹妹在俄亥俄州的鄉間教二、三年級，她很偉大，我是個懶散的傢伙。

我的全部精力都花在精進我當老師的技能上。後來，到了我快要六十歲的時候，認知方面開始出毛病，課堂上的心思之舞不再那麼清晰。在我教了十多年的課程上，我發現自己在上課前的時間裡，不是用五分鐘，而是一遍又一遍重溫當天的筆記（複習一下我要講哪些例子、定理和應用），希望記下的內容夠多。有時記得住，有時記不住。教書是我還算擅長的唯一一件事，結果我不得不看著這項技能慢慢消失。神經心理評估和正子斷層造影（PET）掃描指出了真正的問題。我不僅僅是變老和疲倦了；我逐漸變透明，這是走向心不在焉的前奏。

　　這種衰老伴隨著一些帶反諷意味的事情。我只提兩件。沒必要再拿我的煩惱來惹人生厭。我受邀在 2014 年維也納生物中心博士研討會（Vienna Biocenter PhD Symposium）發表「跳出傳統思維」的演講，談碎形幾何和生命的複雜性，這場活動是由研究生主辦的。若在幾年前，我仍相當有把握自己的工作能夠做得像樣，我就會很樂意去。我沒有去過維也納，或者說沒有去過歐洲，這應該會是很好的機會。但我的心神在 2014 年已經開始喪失，於是我在感傷的心情下婉拒了，推薦了另一位從事這些領域的演講者。

　　最後一件可能帶有反諷意味的事情是：我上完教職生涯的最後一堂課後，回到辦公室，看到美國數學協會（MAA）寄給我的 email，邀請我在 2017 年於芝加哥舉辦的 MathFest 擔任講者之一。我考慮了一整夜。我和珍都喜歡芝加哥，對

那個城市相當熟悉，儘管已經好幾年沒去了。但到 2016 年 5
月，我對自己一年後能否稱職並沒有把握，所以我再次懷著
感傷的心情回絕了。

　　我會不會為了失去幾十年培養成的技能而感到悲傷？為
了必須拒絕人家的邀請而感到悲傷？畢竟這些場合本來應該
是很難得的機會，可以分享我與曼德布洛特合作的過程中學
到的一些東西。沒錯，會感到悲傷。

　　安‧潘凱克（Ann Pancake）在她的小說《一直都是這種
怪天氣》（*Strange as This Weather Has Been*）中，對於失去了
本來可以擁有的人生而產生的悲痛，有一番觸電般的描述：
「我開始明白，在還活著的時候為逝去的人生悲傷是什麼意
思，我明白沒有多少失去比這更嚴酷。這是我怎麼也想像不
到的悲傷。有時我仍能感覺到那乾枯、創痛的陰部。切口，
接著是渾身被火灼傷般的產痛。」7

　　我在人生的抉擇方面有自相似性，不管大小事情我總是
做出萬無一失、輕鬆自在的選擇，這種自相似性就造成了悲
傷的自相似性：我對自己所做的大小抉擇感到後悔。小尺度
的悲傷：為什麼我選了另一門天文學的課，而不是遺傳學的
課？這應該預告了大尺度的悲傷：我本來也可以協助尋找治
療疾病的方法，或是醫治病人。但恰恰相反，我在黑板上畫
滿圖形和方程式，設法解釋幾何學以什麼方式呈現自然界。
但那個時候我沒有看到這種尺度大小的問題，更不用說去領
會其中的含意了。

抽身出來觀察處於哀傷心碎的自己，對於緩減痛苦有沒有幫助？有一點用。大部分時候，這種觀點多多少少寬慰了自己對於沒走的路感到的失望。不管我做了什麼，最後我都會落得這步田地，而且還有比教書四十年更令人悲痛的生涯。

　　你為自己將來的人生所做的抉擇，會比我為我自己的人生所做的更好嗎？我不會知道，但你會知道。

第 **6** 章

彼岸

良善的熾熱膽量。

—— 朱迪亞 · 珀爾（Judea Pearl）——

　　我們已經看到，欣賞幾何能引導我們的知覺改變方向，讓極刺痛的悲傷減弱。我們會朝另一個方向做個結尾。我們會投射到行為的空間，而不是投射到知覺的不同子空間。在這裡我們也準備應用尺度縮放。

　　首先必須處理個體差異的問題。我的父母去世時，起初襲來的是令人不知所措的悲痛。那種悲痛退去後，每當我看到母親或父親應該會感興趣的東西，想著要怎麼告訴他們，但突然想起「等等，他們不在了」，我的太陽穴就會抽痛起來。當那些感覺不再那麼常出現，我開始填補他們在我內心

世界裡留下的巨大空缺。但後來，我開始夢見他們，即使到現在，我仍會夢到他們，通常是稀鬆平常的事情：小旅行，和母親在廚房裡做家事，跟父親在他的工作室做東西。我醒來後，我再度意識到他們不在了，然後會突然感到一陣短促又劇烈的悲傷，通常還附帶一串粗話。

我妹妹琳達也會夢到爸媽，但她醒來之後，她很開心，因為這些夢對她來說都是和他們重逢。琳達大約小我兩歲半，我們共同經歷過很多事，我們都當了老師，但我們對夢見已逝的父母，反應大不相同。重點是：不能用感受去引導自己該如何看待別人的感受。觀察就好，不要帶偏見。

當你失去某個人，周遭的人會出於好心說些什麼，但這些話可能會讓你心煩或惱火。在這些情況下，大多數人只能提供老掉牙的說詞。有個投射到行為空間的小小投影：即使有人說的話惹你厭煩，還是要有禮貌。說出你的真實感受可能會傷到人，所以要用可能讓他們比較好過的方式去回應。感到悲傷的人是你，但要把你的注意力往外在轉移，去幫助那些試圖安慰你的人。如果他們帶吃的東西給你，就稱讚他們的體貼。某種程度上，這會分散你的注意力，但主要是你會感覺比較好過，因為助人會讓我們比較好過。

（我和剛失去親人的人交談時，通常會開口問有沒有什麼我可以幫上忙的。觀察並猜測需要做什麼事。有什麼我可以幫忙跑跑腿的？有什麼電話我可以幫忙打嗎？具體的提議勝過籠統的說詞。接著，可問他們是否願意分享他們所失去

的親人的故事。這些小動作也許無濟於事。主動提議幫忙洗碗，對方可能會回應：「你怎麼會在這種時候想到洗碗？」請對方分享故事，可能會碰上啜泣。不妨根據你對悲傷者的了解，來推測他們需要什麼，然後做好萬一猜錯就要承擔後果的準備。）

悲傷讓我們有機會向外投射到可以幫助他人的舉動。這些例子只是小步，但即便如此，它們還是能透露一些原因，說明群體抉擇為何會放大我們為了在失去後重新調適生活所能採取的舉動。這些適度的舉動可以擴大？有大步嗎？

事實上，悲傷有時會讓我們有機會做出好得驚人的舉動。我的祖父母輩和父母親已經去世了，那些失去是哀慟的，但父母失去孩子的痛更難以承受。我沒有孩子，所以永遠無法直接體會這種悲痛。我覺得我無法想像自己的孩子因病或意外死亡的極度哀慟，更不用說凶殺，政治暗殺了。光是去想那種悲傷，就讓人不知所措，儘管這種思索對我來說是抽象的：我從未給予過父愛，所以無法了解為人父者失去孩子的痛。不過我可以間接體會這種失去的強烈度。

朱迪亞・珀爾（Judea Pearl）是發展出因果計算法的傑出電腦科學家，他在《因果關係》（Causality）和《因果革命》（The Book of Why）這兩本書中描述了這套因果計算法。[1]因果計算法解決了很多問題，其中之一是統計學中一組令人費解的計算結果，稱為辛普森悖論（Simpson's paradox）。珀爾的兒子丹尼爾・珀爾（Daniel Pearl）是記者，2002 年在阿

富汗被綁架，隨後被殺害。這是為人父母者可能遇到最慘絕人寰的夢魘，然而珀爾、他的太太露絲（Ruth）及他們的家人和朋友的應對之舉，卻是去成立丹尼爾珀爾基金會（Daniel Pearl Foundation），以促進跨文化理解為宗旨。面對如此令人髮指的惡行，這真是我能想像到最大無畏的反應。

已故影評人羅傑・伊伯特（Roger Ebert）在 2009 年 1 月的一篇日記中寫道，他從不會在電影中的感傷時刻哭泣，而只會在良善的場景哭泣，這些時刻給人振作的感覺，他稱之為提升。[2]「我被慷慨、同理心、勇氣，以及人類懷抱希望的能力打動。」珀爾夫婦的應對方式充分表露出這些特質，的確，我在讀到他們的舉動時，感受到眼睛刺痛，喉嚨繃緊，呼吸急促。隔天我餵完院子裡的野貓之後，珀爾夫婦的應對方式的力道打中我。我坐在門廊的臺階上啜泣。即使是現在，在寫下他們所做抉擇的過程中，我也體會到一些情感上的挑戰：面對極度的恐懼時，就轉而頌揚他們兒子生命中「良善的熾熱膽量」。[3]

我不能開始描寫讓珀爾夫婦做出這個舉動的路徑。

相反的，我準備運用我們在前面發展出來的手法做解釋。丹尼對音樂有興趣，所以把失去投射到包含他的音樂喜好的空間中。音樂將持續存在，因此丹尼的影響力、他的意識會留下回聲。他的逝去雖然永遠在他的家人眼前，卻也將讓人想起他的人生細節。他們不會和他一起創造出新的經歷，但可以從許多個視角觀看對他的記憶，用不斷演變的方

式理解他。把對丹尼的記憶投射到他的行為和興趣的空間，會讓這些記憶有新的角度可看待。但退後一步。丹尼想做什麼？我們可以幫助不認識他的人感受他的意圖嗎？答案是肯定的。

死亡關上了大門，讓我們無法和那些已經永久失去的人有進一步的共同經驗。但悲傷打開了一扇門，也許只是一條細縫，讓我們重新混合記憶，用新的方式看待行為。我們來想想逝者會希望我們做什麼。例子大家都很熟悉：「懇辭鮮花，親屬建議捐獻……給……」這很好，這太棒了。逝者所珍視的理想在他們的記憶中提升了，他們的影響力仍然感受得到。

對少數人來說，悲傷打開了神殿的大門，讓他們有辦法退一步，做好事。

悲傷有演化上的基礎嗎？朝向社會的發展提升一級。悲傷可以刺激能夠幫助大眾的行為。

也許這是對我們的痛苦的最好答案：悲傷能給我們動力，去邁出大膽的一步。

多談一點數學

瞧瞧引擎蓋下面的重要零件。

　　如果你願意在某些方面相信我的話，我們會在這裡補充幾個不需要在前面提及的細節。如果要看懂以下的這些論證，你必須熟悉一點數學，大部分是高中代數。

超立方體的邊界是由多少個正方體圍成的？

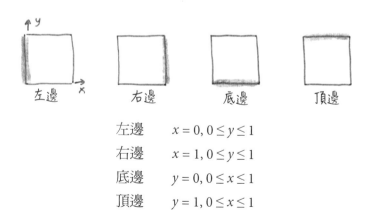

左邊	$x = 0, 0 \leq y \leq 1$
右邊	$x = 1, 0 \leq y \leq 1$
底邊	$y = 0, 0 \leq x \leq 1$
頂邊	$y = 1, 0 \leq x \leq 1$

xy 平面上的單位正方形 S，由符合 $0 \le x \le 1$ 及 $0 \le y \le 1$ 的所有點 (x, y) 構成。為了找出 S 的邊界，就要把其中一個坐標設為極值 0 或 1，然後讓另一個坐標在整個〔0,1〕範圍內變動。因此，這個正方形的邊界是四條邊，每條邊都是線段。

　　xyz 空間中的單位正方體 C，由符合 $0 \le x \le 1$、$0 \le y \le 1$ 和 $0 \le z \le 1$ 的所有點 (x, y, z) 構成。為了找出 C 的邊界，就要像處理正方形的情形一樣，把其中一個坐標設為極值 0 或 1，再讓另外兩個坐標在整個〔0,1〕範圍內變動。所以我們看到，正方體的邊界是六個面，每個面都是正方形。

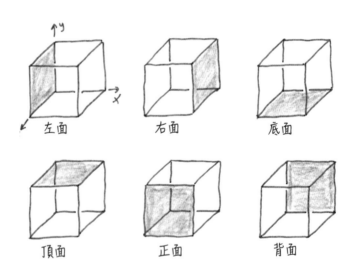

左面　　右面　　底面

頂面　　正面　　背面

左面　　$x = 0, 0 \le y \le 1, 0 \le z \le 1$

右面　　$x = 1, 0 \le y \le 1, 0 \le z \le 1$

底面　　$y = 0, 0 \le x \le 1, 0 \le z \le 1$

頂面　$y = 1, 0 \leq x \leq 1, 0 \leq z \leq 1$

正面　$z = 1, 0 \leq y \leq 1, 0 \leq x \leq 1$

背面　$z = 0, 0 \leq y \leq 1, 0 \leq x \leq 1$

　　$wxyz$ 空間中的單位超立方體 H，由符合 $0 \leq w \leq 1$、$0 \leq x \leq 1$、$0 \leq y \leq 1$ 和 $0 \leq z \leq 1$ 的所有點（w, x, y, z）構成。要找出超立方體 H 的邊界，就把一個坐標設為極值，再讓其他三個坐標在〔0,1〕範圍內變動。舉例來說，其中一個正方體邊界是：

$$w = 0, 0 \leq x \leq 1, 0 \leq y \leq 1, 0 \leq z \leq 1$$

　　每個坐標都有兩個極值，四個坐標就表示超立方體的邊界是由八個正方體構成的。下頁是這八個正方體的圖形。在最上面兩張圖中，我們把兩個「可明顯看出」的正方體著成灰色，不妨把最左邊的灰色正方體稱為「下正方體」，最右側的灰色正方體稱為「上正方體」。

　　其餘六個灰色正方體，會把下正方體的其中一面連接到上正方體的對應面。例如第二橫排左邊的灰色正方體，會把下正方體的頂面連接到上正方體的頂面。

　　五維立方體的邊界是由多少個超立方體圍成的？

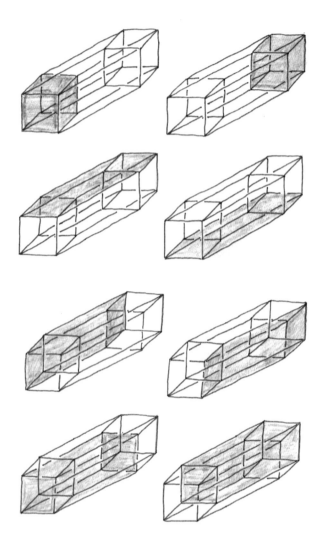

為什麼 √2 是無理數

　　為了證明 2 的平方根不是兩個整數的比，格里菲斯先生開始說：假設你可以把 √2 寫成一個整數比，比方說 √2 =

a/b 好了，然後我們把這個分數約分到最簡分數（例如我們會寫 7/5，而不是 14/10）。現在把等號的兩邊平方，所以 2 = a^2/b^2，也就是 $2b^2 = a^2$。好了，a^2 是偶數還是奇數？它等於 2 乘上 b^2，所以 a^2 是偶數。那麼 a 是偶數還是奇數？嗯，偶數的平方是偶數，奇數的平方是奇數，所以 a 一定是偶數。這就表示有某個整數 c，可讓我們寫出 $a = 2c$。現在回來看 $2b^2 = a^2$。你看出問題了嗎？嗯，$2b^2 = a^2 = (2c)^2 = 4c^2$。現在同時消去等號兩邊的 2。你看出什麼沒有？噢，$b^2 = 2c^2$，所以 b^2 是偶數，於是 b 也是偶數，這就產生問題了，因為 a 和 b 都是偶數，但我們已經把 a/b 化成最簡分數了。哈！這太酷了。

關於碎形的一些細則

在說佘賓斯基三角形是應用佘賓斯基三角形規則之後唯一不變的形狀時，必須小心一點。佘賓斯基三角形並不是唯一保持不變的形狀，舉例來說，如果把三個佘賓斯基三角形規則應用到整個平面上，會再次得到整個平面。我們可以說，佘賓斯基三角形是應用三個佘賓斯基三角形規則後，唯一保持不變的封閉有界形狀。

如果一個形狀的補集（合）是「開」（open）的，這個形狀就是「閉」（closed）的；如果一個形狀中的每個點都是某個完全位於該形狀裡面的小圓盤的圓心，這個形狀就是開的。舉例來說，$\{(x, y) : x^2 + y^2 < 1\}$ 是開的，$\{(x, y) : x^2 + y^2 \leq 1\}$ 不是開的。

如果整個形狀可以包含在一個夠大的圓內，這個形狀就是「有界」（bounded）的。

碎形維度二三事

這一節所講的數學比書中其他地方多「很多」，我們會在這裡簡述第 5 章介紹的維度幾何學的部分內容。我們只會用簡單的幾何學；在實體世界中的一切應用都會因自然界本身的喧嚷而變得複雜。我們在前面介紹維度的方式，是先問你如果把某個形狀的寬和高變成兩倍，新的形狀是由多少個原來的形狀構成的。有個相關的方法可以更容易一般化：這個方法不是讓形狀變大，而是保持不變，但要設法把它切成跟整個形狀相似的縮小版。我們已經在佘賓斯基三角形上看過這種分解：它是由三塊較小的佘賓斯基三角形構成的，每塊小三角形都縮小成原來的 1/2。把縮小版的數目稱為 N，把縮放倍數稱為 r，那麼碎形維度 d 就可由下面的式子算出來：$N = (1/r)^d$

為什麼是 $1/r$？因為 N 大於 1，r 小於 1，至少在這些情況下 d 是正數。如果要求出 d，先在等號兩邊取對數，再利用對數基本規則 $\log((1/r)^d) = d\log(1/r)$，然後求解 d：

$$d = \frac{\log(N)}{\log(1/r)}$$

這個計算結果根據的假設是此形狀是自我相似的，因此稱為「相似維度」（similarity dimension）。佘賓斯基三角形的相似維度是：

$$d = \frac{\log(3)}{\log(2)} \approx 1.58496$$

假設某個形狀是自我相似的，但各塊的縮放比例不一樣。也許 N 塊當中的每一塊各有各的縮放倍數 $r_1, \ldots, r_N$。

相似維度公式沒有地方放超過一個縮放倍數，但我們可以把 $N = (1/r)^d$ 重寫成：

$$Nr^d = 1 \quad 亦即 \quad \underbrace{r^d + \cdots + r^d}_{N項} = 1$$

因為每個縮放倍數都有一項，所以這個相似維度方程式的構成可以容納不同的倍數：

$$r_1^d + \ldots + r_N^d = 1$$

這稱為「莫蘭方程式」（Moran equation）。

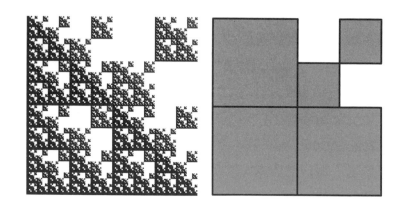

　　舉例來說，在這裡我們看到一個有多個縮放倍數的碎形。如右邊的示意圖所示，這個碎形有：

$$r_1 = r_2 = r_3 = \tfrac{1}{2}$$
$$r_4 = r_5 = \tfrac{1}{4}$$

所以莫蘭方程式會變成：

$$3(\tfrac{1}{2})^d + 2(\tfrac{1}{4})^d = 1$$

　　現在你可能認為這必須用數值方法來解，因為無法在等號兩邊取對數來求解 d。但在這個例子裡還有一個選擇，因為：

$$(\tfrac{1}{4})^d = ((\tfrac{1}{2})^2)^d = ((\tfrac{1}{2})^d)^2$$

那麼令 $(1/2)^d = x$，莫蘭方程式就會變成二次方程式：

$$3x + 2x^2 = 1$$

套用二次公式，可求出 $x = (-3 \pm \sqrt{17})/4$。因為 $x = (1/2)^d$ 是正數，所以我們取 $x = (-3 + \sqrt{17})/4$。最後，我們在等號兩邊取對數，求 d 的值：

$$\left(\frac{1}{2}\right)^d = \frac{-3 + \sqrt{17}}{4}$$

然後求 d，

$$d = \frac{\log\left((-3 + \sqrt{17})/4\right)}{\log\left(1/2\right)} \approx 1.83251$$

接下來我們會提兩個延伸；當然還有很多其他的。這些結果有幾個出處，全收在《碎形世界》的第 6 章。

首先，我們來考慮隨機碎形。這麼說的意思是，我們在每次迭代時不是用相同的縮放倍數，而是每次從以特定機率出現的幾個值取一個來當作縮放倍數。在這個例子裡，莫蘭方程式是：

$$\mathbb{E}(r_i^d) + \ldots + \mathbb{E}(r_N^d) = 1$$

其中的 $\mathbb{E}(r_i^d)$ 是 r_i^d 的期望值或平均值。我們把這稱為「隨機莫蘭方程式」。

下圖是 $N = 4$ 塊的隨機碎形，而每塊的縮放倍數有 1/2 的機率是 $r = 1/2$，有 1/2 的機率為 $r = 1/4$。那麼每一塊的期望值就是 $\mathbb{E}(r^d) = \frac{1}{2}(\frac{1}{2})^d + \frac{1}{2}(\frac{1}{4})^d$。

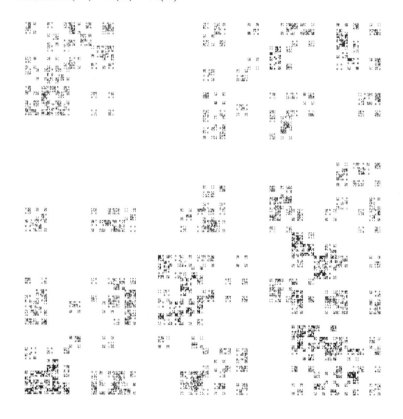

再令 $x = (1/2)^d$，於是 $x^2 = (1/4)^d$，那麼隨機莫蘭方程式會變成二次的 $2x + 2x^2 = 1$，維度就等於：

$$d = \frac{log\left((-1+\sqrt{3})/2\right)}{log\left(1/2\right)} \approx 1.44998$$

但這個數是多少呢？1/2 和 1/4 的選擇序列不同，生成的隨機碎形一定也不同。我們所算出的維度，是我們用了這個方法生成許多碎形而得到的各個維度的平均值。

最後，我們回頭看一下第 1 章那個碎形。這是由四個變換生成的，這些變換的縮放倍數都是 $r = 1/2$，但只允許某些組合。

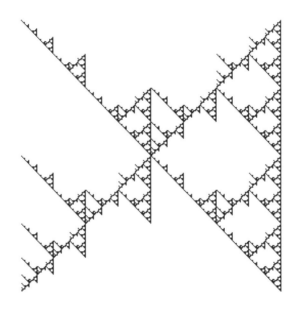

有一種表達方式是把碎形的四塊區域標上 1（左下）、2（右下）、3（左上）、4（右上）。我們可以用一個矩陣來寫出哪些組合是允許的，哪些不允許。列數代表一塊區域，

行數代表那塊區域的一塊子區域，舉例來說，位於第 1 列第
2 行的那個元（素），就對應到左下區域內的右下子區域。
矩陣元為 0，表示所對應的子區域空著；矩陣元為 1，表示子
區域填滿了。於是，寫出上圖所示的碎形的矩陣就是：

$$M = \begin{bmatrix} 1 & 0 & 1 & 1 \\ 0 & 1 & 1 & 1 \\ 0 & 1 & 1 & 0 \\ 1 & 1 & 0 & 1 \end{bmatrix}$$

　　由於所有的縮放倍數都相等，$r = 1/2$，我們可以把這稱
為「記憶莫蘭方程式」：

$$(1/2)^d \rho[M] = 1$$

　　$\rho[M]$ 這個因子叫做 M 的譜半徑（spectral radius），它
是矩陣 M 的最大特徵值（eigenvalue）。我們在這裡不會教你
計算特徵值。

　　想知道怎麼計算，可參考任何一本線性代數書籍，或是
《碎形世界》的附錄 A.83 和 A.84。上面這個矩陣 M 的特徵
值為 $1 \pm \sqrt{3}$、1 和 1。考慮到特徵值有時候會重複，所以特徵
值的數量就等於矩陣的列（或行）數。這裡的特徵值 1 就是
一個例子。譜半徑為 $\rho[M] = 1 + \sqrt{3}$，而在求解記憶莫蘭方程
式當中的 d 時，我們發現：

$$d = \frac{\log(\rho[M])}{\log(2)} \approx 1.44998$$

　　如果要把莫蘭方程式的延伸列出來，會更驚人。比方說，如果某個變換的收縮倍數會隨位置改變，那麼就會再產生出一種莫蘭方程式。不過我們暫時看到這裡就好了。

　　最後再做個關於莫蘭方程式的評論。在一些例子裡，我們把莫蘭方程式轉換成二次方程式。要是二次方程式的解很複雜怎麼辦？這種事不可能發生：莫蘭方程式永遠有一個解，而且只有一個解。請參考《碎形世界》的附錄 A.76。

　　接著來談一下度量與維度的細則。

　　如果我們想在比某個形狀維度低的維度中度量這個形狀，得到的答案會是∞；如果嘗試在比該形狀維度高的維度中度量，得到的答案是 0。技術細節相當複雜，但我們可舉例說明一下概念。假設這個形狀是實心的單位正方形，它當然是二維的。

　　假設我們為了度量正方形的長度，想用無窮細的線覆蓋它。任何一條有限長的線都會留下許多縫隙，所以我們需要無限長的線來覆蓋這個正方形。

　　另一方面，這個正方形能放進一個底為單位正方形、高為 h（$h > 0$）的盒子裡。這個盒子的體積是 $V = 1^2 h = h$。當我們取的 h 值越來越小，盒子的體積會趨近於 0，因此正方形的體積為 0。

接下來細則就要登場了：我們準備只去考慮有界的形狀。平面上無限長但很窄的長條，面積無限大，但卻是二維的。會得到無窮大的量測值，有可能是因為在太低的維度中度量（這是我們感興趣的情況），或度量某個沒有界的形狀（這種情況我們不感興趣）。所以我們會鎖定有界的形狀。

　　如果這些都太抽象了，我們就來考慮佘賓斯基三角形，讓討論更具體。假設我們用底和高均為 1 的直角等腰三角形生成佘賓斯基三角形。三角形的面積是 1/2× 底 × 高，所以這個等腰三角形的面積是 1/2。接著我們會換個方式生成佘賓斯基三角形，這個新方法可讓面積的計算變簡單。生成過程如下：把實心三角形各邊的中點相連，然後挖掉中間的三角形。這樣就留下了三個實心的三角形，接著對每個三角形再做一次同樣的步驟，然後繼續做下去。

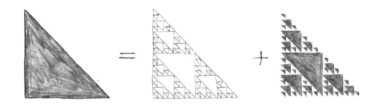

　　於是我們看到，原來的三角形可以分解成一大堆三角形。挖掉的這些三角形當中，最大的那個三角形的底和高為 1/2，因此面積為 1/8；次大的有 3 個，底和高為 1/4，面積為 1/32。以此類推，我們可以把挖掉的三角形面積相加起來：

$$\frac{1}{8} + \frac{3}{32} + \frac{9}{128} + \cdots = \frac{1}{8}\left(1 + \frac{3}{4} + \frac{3^2}{4^2} + \cdots\right) = \frac{1}{8}\left(\frac{1}{1 - 3/4}\right) = \frac{1}{2}$$

倒數第二個等式是求等比級數和的例子：對於 $|r| < 1$ 的每個公比 r，級數 $1 + r + r^2 + r^3 + \cdots$ 相加起來會等於 $1/(1 - r)$。挖掉的三角形面積相加起來等於 $1/2$，正是原三角形的面積，因此佘賓斯基三角形的面積為 0。

我們說佘賓斯基三角形的長度，是指什麼意思？三角形周長的總和是很好的第一步。周長可能有更多我們看不到的部分，也可能沒有，但我們就來看看周長可以透露些什麼。大直角三角形的周長是 $1 + 1 + \sqrt{2} = p$。挖掉的第一個三角形的周長為 $p/2$，第二個的周長為 $p/4$，以此類推。這些周長的總和就是：

$$p + \frac{p}{2} + \frac{3p}{4} + \frac{9p}{8} + \cdots = p + \frac{p}{2}\left(1 + \frac{3}{2} + \frac{3^2}{2^2} + \cdots\right) = \infty$$

佘賓斯基三角形是平面上的有界集合，長度無限大，所以維度 > 1，面積為零，因此維度 < 2。因為佘賓斯基三角形的維度在相鄰整數之間，所以不可能是整數，度量就是用這種方式告訴我們維度。

致謝

愛絕對值得冒著失去的風險。

　　首先我必須感謝我的姑姑露絲・法瑞姆（Ruth Frame）。她有無窮無盡的好奇心，是真正會傾聽幼小孩子的想法的成年人。她是我第一個失去的人。那時我已經到了可理解發生什麼事的年紀，但還沒到可處理成年人談論死亡的年紀。她去世時，我直接且赤裸裸地感受到失去。那是純粹、令人不知所措的情感。

　　但除了這種失去的悲痛，對我的人生發展方式更重要的，是露西（Ruthie）如何擴展我的好奇心，讓我看見科學是小孩子可以開始追求的路。我真希望她能看到她的姪女和姪子長大成人，我真希望我能遞給她一本《控制中的混沌》

（*Chaos Under Control*）或《碎形世界》（*Fractal Worlds*），告訴她這些書是她教我如何過人生的成果。[1]

我的父母，瑪麗和瓦特‧法瑞姆（Walter Frame）；我的弟弟妹妹史蒂夫和琳達以及他們的另一半金（Kim）和大衛（David）；我的外甥 Scott Lothes 和他的妻子 Maureen Muldoon；我的表兄弟 Matt Arrowood、他的妻子 Susan，以及他們的兒子 Zane 和 Will；還有我和妻子珍‧瑪塔（Jean Maatta）共同編織了複雜的人生。悲傷當然是人生的一部分，但我們的人生比悲傷豐富多了。即使在最慘澹的時光，也有美好的時刻，而在最美好的歲月，就……

故事空間的構想出現在我和 Amelia Urry 開始著手《碎形世界》前的許多次討論中。我和 Caroline Kanner 與 Caroline Sydney 做了非常愉快的獨立研究，結果產生了故事空間的一些變型，還有對幾何學和文學其他方面的許多探討。這些對第 4 章的分析很重要。

故事空間和悲傷的具體關係，很大一部分得益於我跟 Rich 和 Kayla Magliula 的深度熱烈討論。Rich 是我們的獸醫師，他一直以來並且會繼續醫治照顧我們的貓家人。

我的外甥 Scott 指出了麥克菲的《第四版草稿》（*Draft No. 4*）這本書的故事幾何結構。[2]另外，我也和 Scott 聊過村上春樹的小說很多次。兩個很有想法的讀者，從不同的方向切入同一個鍾愛的作者（我是幾何學家和老師，Scott 是作家、攝影師和編輯），可以從複雜的故事中抓出相當不一

樣，但同樣合理的想法。

萊拉・桑托羅（Lara Santoro）分享了她對悲傷的一些看法。身為多年來在奈洛比報導愛滋病傳播情形的駐外記者，她親身的悲傷感受是非常沉痛的。她所寫的小說《憐憫》（Mercy）是對自己那段人生的虛構描述；她的小說《男孩》（The Boy）描述了另外一類帶有複雜道德含意的悲傷。[3] 在我們的通信和談話中，萊拉描述了一種透過推遠來處理悲傷的方法。如果你能意識到自己知道，悲傷的痛苦就會減少一些。這個看法改變了第 5 章的分析方向。

在和 Andrea Sloan Pink 的通信過程中，我們探討了故事、失去及看待世界的方式。當我發現自己是她的某部劇作中的角色，我就開始和 Andrea 互通 email。[4] 我父親去世後不久，Andrea 的母親也去世了，我們多次談到失去父母的悲傷，讓我們的幾種悲傷方式顯現出來。這種通信很有幫助，至少讓我感到寬慰。

我的編輯 Joe Calamia 從我們幾年前的交談中萌生出這本書的構想，這是我和 Joe 一起完成的第三個計畫；與他合作是很難得的樂事。這是我的第一本非學術書。Joe 一直是很溫和、有耐心、孜孜不倦地指引我要以一般讀者為對象來寫作。Joel Score 很仔細地讀了文字，提供很有見地的意見，讓我能夠看到在其他人看來所見的思路流動。他的能力是我喜歡和芝加哥大學出版社（University of Chicago Press）合作的另一個原因。我希望我們三個人還會一起進行更多的計畫。

我的表姊妹 Patti Reid
讀過初稿，抓到我漏看的
錯字，並就文字風格提供
了很有幫助的意見。她還
給過我一個影像——我們
坐在她的餐桌旁，交換故
事——這支持我度過了一
些難熬的歲月。沒錯，家人很重要。另外，Patti 還向我介紹
她的孫子 Asterisk（Astrid）和 BeetleBomb（Ira），他們對世
界的好奇心和興奮是更進一步的證據，證明愛絕對值得冒著
失去的風險。

我童年時街坊鄰舍有很多玩伴，Mike Donnally 是我現在
仍然保持聯繫的唯一一位，他提供了一件我已經不復記憶的
重要往事。多謝了，Mike。

Paul Dunkle，我高中時的另一個同學，現在是我的家人
和朋友，也提供了那段時光的某個重要訊息。謝了，Paul。

為這本書，以及我的三本前作，Andy Szymkowiak 提供
很重要的技術協助。多謝，Andy。

我和 Laurie Santos 在 2012 年 11 月一起參加一個專家小
組，該小組是由學生團體籌劃的，從討論快樂開始，但在學
生提問下，關注的焦點擴大了。有位聽眾問到憂鬱症，Laurie
讓我來回答，雖然我很確定她可以說出更有趣的東西。在回
應的過程中，我看到了幾何學可以解釋情感的暗示，這本書

的可能性就是從那個暗示萌芽的，在我那次跟 Joe Calamia 談天的過程中，這個暗示一直在我的潛意識裡。Laurie，謝謝妳讓我繼續發展那個時候還不成熟的想法。

有兩位沒透露姓名的書評人，提出細心又詳細的意見，讓架構和見解的呈現方式都有大幅的改進。其中一位指出了包洛斯（John Allen Paulos）的《數學與幽默》（*Mathematics and Humor*）這本書，原因不是悲傷有什麼幽默層面，而是因為包洛斯在他的第 5 章發展了一個關於幽默的幾何理論。[5]這幫助我精煉我自己的悲傷幾何理論的某些層面。另外，兩位書評人的鼓勵評論讓我有辦法應對沒人會對這本書感興趣的焦慮。書評人可能會對作者進行寫作計畫的方式產生重大的影響。

我的妻子 Jean Maatta 的耐性、對話和體貼，對這本書和我寫過的其他每一本書極其重要。如果我再活三十年（不太可能，我不期望活到一百歲），也許就會了解她答應嫁給我是多麼幸運的事。

許多貓的逝去讓我感受到新的悲傷維度，幫忙指引我在這個寫作計畫中的一些想法。不過，有貓睡在我腿上的那一千個小時，一直是我工作時非常好的夥伴，我不會為了避免失去牠們之痛而放棄這個。

悲傷是生命的一部分。我們能不能以減輕悲傷帶來的痛苦的方式利用幾何學？你有什麼看法？

$\diamond \quad \diamond \quad \diamond$

致謝開頭 Ruth Frame 的照片來自家族老相簿，可能記得攝影者是誰的人早已過世了。Asterisk 和 BeetleBomb 的照片是由 John Kim 拍攝的。

電腦繪圖是由我寫的 Mathematica 程式碼繪製出來的。也許你會認為手繪圖是某個十歲親戚畫的，但很遺憾，它們都是我畫的，顯然我沒有利用過去這六十年改進繪畫技巧。我確實花時間學了數學、物理、寫程式和一點生物學，但沒學美術，唉。

注釋

| 序文 |

1. 之所以「更糟糕」，是因為不論你相信什麼，否認失去都會讓生命的記憶褪色，再者，就連幼小的孩子也應該聽實話，也許是過濾過和變溫和的，但仍然是實話。告訴孩子可以覺得傷心；千萬不要告訴他們沒有理由感到難過。

2. 我的好友克莉絲汀・華德倫（Christine Waldron）送了我一本卡寧的《懷疑者的年鑑》（*A Doubter's Almanac*, New York: Random House, 2016）。多年來，我一直在讀卡寧的書，也很推崇。要不是克莉絲汀，我可能很晚才會讀到這本書——事實上是在我父親去世後不久，這很可能讓我更能體會卡寧的文字。

3. John Archer, *The Nature of Grief* (New York: Taylor & Francis, 1999) 和 Barbara King, *How Animals Grieve* (Chicago: University of Chicago Press, 2014) 這兩本書，都是思索悲傷的絕佳資料來源。金的書比較像講故事，比較個人化；阿卻爾的書

是比較抽象的專著。從這個意義上說，他們提出了互補的取向；兩者都很有用。《悲傷的本質》第 2 章概述了關於悲傷的學術研究史。內斯的這篇文章：Randolph Nesse, "An Evolutionary Framework for Understanding Grief," in *Spousal Bereavement in Late Life*, ed. D. Carr, R. Nesse, and C. Wortman, 195–226 (New York: Springer, 2005) 清楚闡釋了悲傷情緒的演化基礎，這是他和威廉斯在達爾文演化醫學方面開創性的研究的一部分；詳見 Nesse and Williams, *Why We Get Sick: The New Science of Darwinian Medicine* (New York: Random House, 1994)。（中文版《生病，生病，why？》，天下文化，2001）

4. 鄱德的這本書：Alexander Shand, *The Foundations of Character* (London: Macmillan, 1914) 是第一個有系統的悲傷研究。

5. 阿卻爾在《悲傷的本質》一書的第 3 章，描述了透過藝術觀看悲傷的研究。

6. 沙特（Jean-Paul Sartre）的這些書給了我第一個、也一直是讓我看得最清楚的小說描繪，小說彷彿是通往深層真相的最公正途徑。沙特在《存在與虛無》（*Being and Nothingness: A Phenomenological Essay on Ontology*, New York: Washington Square, 1966）這本書作了徹底的哲學分析。從原著的副標題來看，這本書並不是特別親切。在《自由之路》（*The Roads to Freedom*）三部曲中（包括 *The Age of Reason, The Reprieve*, and *Iron in the Soul*, all New York:

Penguin, 1963），書中人物的敘述最後推向了相似的領
會。故事會產生共鳴。

7. 音樂加上噪音，伴著速度的哽噎聲中蝕刻了情感。音樂
中還可以進一步加入單獨的鍵盤冥想、合奏樂器或縱橫
交錯的人聲。快速流動的音響可以擴充或代替文字構成
的詩歌，因此音樂讓我們感受到的生命豐富性，比一
段文字所能表現的更直接，有更多層次。舉幾個例子：
Natalie Merchant 專輯《*Ophelia*》（Elektra, 1998）中的〈My
Skin〉及專輯《*Tiger Lily*》（Elektra, 1995）中的〈Beloved
Wife〉；Loreena McKennitt 專輯《*The Book of Secrets*》（Quinlan
Road, 1997）中的〈Dante's Prayer〉；菲利普‧葛拉斯《沙
灘上的愛因斯坦》當中的〈Knee 5〉。我還能想到幾十甚
至幾百首，你也可以。不知道我們的曲目裡會有多少首歌
相同？

8. 李安的唯美電影《臥虎藏龍》（哥倫比亞影業，2000）最
後用了馬友友演奏的〈離〉，令人屏息（可說是名副其實
——至少美得令我喘不過氣來，而且全場觀眾裡有這種反
應的不止我一人，如果我聽到的強忍啜泣聲是指標的話）。

9. 希雅的〈Breathe Me〉收錄在專輯《*Color the Small One*》
（Astralwerks, 2006）。

10. 白髮人不應該送黑髮人。我母親的弟弟比爾在我的外祖父
母去世前就英年早逝了，他四十年來每天兩包菸，結果死
於肺癌。為人父母的悲傷更加哀痛，因為他們設法勇敢面

對。但誰能那麼勇敢呢？屠格涅夫在《父與子》當中描寫葉夫根尼的父母的哀慟，平實、率直又感人。感人至深。

11. 關於悲傷，眾所周知最早的實證研究是 Erich Lindemann, "Symptomatology and Management of Acute Grief," *American Journal of Psychiatry* 101 (1944): 141-48。林德曼（Erich Lindemann）把分析範圍擴大到包含「預期性的悲傷」（anticipatory grieving）在內，他所說的「預期性的悲傷」是指人在預期親人即將去世時的情緒反應。這是悲傷不可逆性的嚴格必要條件的例外情形。

| 第 1 章 |

1. Grünbaum and Shephard, *Tilings and Patterns* (New York: Freeman, 1987).

2. 壁紙群恰有十七種的證明，詳見 Evgraf Fedorov, "Symmetry in the Plane," *Proceedings of the Imperial St. Petersburg Minerological Society* 28 (1891): 345-90。那麼我們為什麼需要證明呢？因為如果沒有證明，就可能會有第十八種壁紙群（亦即提供藝術性新形式的鑲嵌圖樣）隱藏在幾何學的皺褶中，迄今沒有人注意到。

3. 位於義大利阿南伊（Anagni）的聖母領報主教座堂（Cattedrale di Santa Maria Annunziata）在 1104 年完工，教堂內部的花磚工藝，包括文中所說的佘賓斯基三角形，是在隨後的一百年間增添的。以下這本書讓世人注意到鑲嵌圖案

的碎形層面：Étienne Guyon and H. Eugene Stanley, *Fractal Forms* (Haarlem: Elsevier, 1991)。詳見這張照片：https://commons.wikimedia.org/wiki/File:Anagni_katedrala_04.JPG。

4. 《戰爭的面貌》這幅畫作的更清楚展示請參見維基百科：https://en.wikipedia.org/wiki/The Face of War 及 Robert Descharnes, *Dalí* (New York: Abrams, 1985) 這本書的第 97 頁，書中還附了一份關於這幅畫作的初步研究。

5. 這支影片示範了透過鏡子的實驗："Linear Perspective: Brunelleschi's Experiment," https://www.youtube.com/watch?v=bkNMM8uiMww。

6. 班喬夫的 *Beyond the Third Dimension: Geometry, Computer Graphics, and Higher Dimensions* (New York: Freeman, 1990) 這本書本來可能用「觀看超立方體的十三種方式」（Thirteen Ways of Looking at a Hypercube）當書名，並且向華萊士・史蒂文斯（Wallace Stevens）和亨利・路易斯・蓋茨（Henry Louis Gates Jr.）道歉。

7. 達利的畫作《超立方十字架受難》的圖片來源請見：維基百科 https://en.wikipedia.org/wiki/Crucifixion_(Corpus_Hypercubus)；Banchoff, *Beyond the Third Dimension*，第 105 頁；及 Descharnes, *Dalí*，第 119 頁。在班喬夫的書的第 110 頁，可以看到班喬夫和達利交談的照片。

8. H. S. M. Coxeter, *Non-Euclidean Geometry*, 5th ed. (Toronto:

University of Toronto Press, 1965) 及 Marvin Greenberg, *Euclidean and Non-Euclidean Geometries: Development and History*, 4th ed. (New York: Freeman, 2007) 是很好的非歐幾何參考資料。維基百科網頁 https://en.wikipedia.org/wiki/Non-Euclidean_geometry 也是不錯的入門。這個網頁講述了艾雪和考克斯特的通信往來：https://brewminate.com/escher-and-coxeter-a-mathematical-conversation/。

9. 艾雪的《圓極限之三》，可在維基百科 https://en.wikipedia.org/wiki/Circle Limit III 和 *M. C. Escher: 29 Master Prints* (New York: Abrams, 1983) 這本書找到。

10. Sean Carroll, *Something Deeply Hidden: Quantum Worlds and the Emergence of Spacetime* (New York: Dutton, 2019).

11. 關於由記憶生成的碎形，這本書的第 2.5 節談到部分細節和更多例子：Michael Frame and Amelia Urry, *Fractal Worlds: Grown, Built, and Imagined* (New Haven, CT: Yale University Press, 2016)。

12. 這個出乎意料的結果稱為「哥德爾不完備定理」（Gödel's incompleteness theorem），它的證明背後的想法非常高明，所以在普林斯頓高等研究院（Institute for Advanced Study）會經常看到哥德爾和愛因斯坦結伴而行。愛因斯坦評論說，他常去辦公室，「只為了有榮幸跟哥德爾一起步行回家。」兩人的情誼在 Jim Holt, *When Einstein Walked with Gödel: Excursions to the Edge of Thought* (New York:

Farrar, Straus, and Giroux, 2018) 這本書裡有出色的描寫；愛因斯坦所講的話出自第 4 頁。內格爾（Ernest Nagel）和紐曼（James Newman）的 *Gödel's Proof* (New York: New York University Press, 1958) 清楚簡潔地解釋了哥德爾不完備定理的證明。侯世達（Douglas Hofstadter）石破天驚的大作 *Gödel, Escher, Bach: An Eternal Golden Braid* (New York: Basic Books, 1979) 則是用相當不簡潔，但極其有趣的方式解釋哥德爾不完備定理，每章都由一個以阿基里斯、烏龜和他們的朋友為主角創作的寓言來開場。（簡體中文版《哥德爾、艾舍爾、巴赫：集異壁之大成》，商務印書館，1997）

13. 說明這三大希臘幾何難題不可能用尺規作圖來解決的證明，要用到伽羅瓦理論（Galois theory）這門數學，詳見 Ian Stewart, *Galois Theory*, 2nd ed. (London: Chapman and Hall, 1973) 一書。透過高明的論證，這三大幾何問題可轉換成代數的問題，然後證明是不可能做到的。部分的問題在非歐幾何中可以解決，這也許很出人意料。

14. 把貓圖變成佘賓斯基三角形的一連串圖片，可看第 3 章的圖示，你看到就會知道了。

15. Martin Gardner, *aha! Insight* (New York: Freeman, 1978).（中文版《啊哈，有趣的推理》，天下文化，1997）

16. 我認為波赫士的文集《迷宮》（*Labyrinths: Selected Stories and Other Writings*, New York: New Directions, 1964）是領

會波赫士充沛想像力的最佳入門之作。

17. 舉例來說，波赫士就寫過 Edward Kasner and James Newman, *Mathematics and the Imagination* (New York: Simon & Schuster, 1940) 這本書的書評。這篇書評收錄在 Jorge Luis Borges, *Selected Non-Fictions*, ed. E. Weinberger, 249–50 (New York: Penguin, 2000)。

18. 收錄在波赫士文集《迷宮》中的第六篇短篇小說〈巴別圖書館〉（The Library of Babel）和第七篇文章〈龜的化身〉（Avatars of the Tortoise），是說明悖論與謎題的絕妙範例。

19. 波赫士在 "The Doctrine of Cycles," in *Selected Non-Fictions*, 115–22 這篇文章的開頭幾頁，描寫了幾個無窮大算術。

20. 波赫士在文集《迷宮》的第一篇短篇小說〈Tlön, Uqbar, Orbis Tertius〉當中描寫了幾個有趣的變形。

21. 雖然不像薩拉馬戈（José Saramago）的《死神放長假》（*Death with Interruptions*, Orlando: Harcourt, 2005）是個清晰的循環，但還是個循環。薩拉馬戈的短篇小說呈現出一個很美、自成體系的循環故事幾何架構。我們在第 3 章會進一步分析這個故事的片段。

22. Borges, "Circular Time," in *Selected Non-Fictions*, 225–28.

23. $10^{10^{118}}$ 有多大？ 10^{118} 這個數字是 1 的後面有 118 個零，所以 $10^{10^{118}}$ 是 1 的後面有 10^{118} 個零。這個範圍有那麼大嗎？可觀測宇宙中的粒子數目約有 10^{80} 個，所以 $10^{10^{118}}$ 這個數字帶有的「零」的數目 10^{118}，就是 10^{38} 個可觀測宇宙總

共包含的粒子數目。

24. 現在來講一點宇宙學。不妨看看鐵馬克（Max Tegmark）的文章 "Parallel Universes," *Scientific American* 288 (May 2003): 40–51 和他探討宇宙學數學化的著作 *Our Mathematical Universe: My Quest for the Ultimate Nature of Reality* (New York: Knopf, 2014)。基本的理念是：「有個和我們人類完全無關的外在物質現實世界」，以及「我們的外在物質現實世界是一種數學結構」。這本書非常有趣。

25. 針對大霹靂模型的原始計算結果，可解釋可觀測宇宙中為何有大量的極輕元素，請參閱 Ralph Alpher, Hans Bethe, and George Gamow, "The Origin of Chemical Elements," *Physical Review* 73 (1948): 803–4。（伽莫夫愛開玩笑是出了名的，他在論文作者當中加了 Bethe 這個名字，讓這篇論文在被提及時會簡稱為 Alpher-Bethe-Gamow，亦即 α - β - γ 論文。真是的。）欲知更多的細節及最新的天文證據，可參見 Alpher's chapter "Origins of Primordial Nucleo-synthesis and Prediction of Cosmic Background Radiation," in *Encyclopedia of Cosmology: Historical, Philosophical, and Scientific Foundations of Modern Cosmology*, ed. N. Hetherington, 453–75 (New York: Garland, 1993) 談及 Alpher 的章節。

26. 卡羅的《從永恆到此時此刻》（*From Eternity to Here: The Quest for the Ultimate Theory of Time*, New York: Dutton,

2010）這本書，對時間方向性的源頭作了通透澄澈的思考。關於波茲曼研究早期宇宙低熵問題所用的方法，請見書中第 213 頁和 216 頁的附圖以及相關的文字敘述。卡羅在第 10 章〈Recurrent Nightmares〉描述了幾個不贊同波茲曼的方法的反對意見，在第 15 章〈The Past through Tomorrow〉把嬰宇宙的論點作了很出色的解釋。

27. 洛伊德（Seth Lloyd）在 "Personal Note," in S. Lloyd, *Programming the Universe: A Quantum Computer Scientist Takes on the Cosmos* (New York: Random House, 2006), 213–16 記述了他和友人裴傑斯（Heinz Pagels）一起健行，結果裴傑斯從峭壁失足摔落幾百英尺，不幸身亡。洛伊德想到了多重世界（many worlds）模型，在一些甚至是許多平行宇宙中，他的朋友沒有墜崖。這並沒有帶給洛伊德半點安慰。劇作家安卓雅・史隆・平克（Andrea Sloan Pink）提醒了我這一段，還提到她和孩子也贊同洛伊德的看法。洛伊德說：「安慰漸漸從訊息而來——從真實的與想像的點點滴滴而來。」斯人已逝，但他們的理念及我們對他們的行為舉止的記憶，會留存一段時間。洛伊德也記述了（第 101–2 頁）他在劍橋遇到波赫士，就問這位大作家，多重世界模型是不是他寫作〈歧路花園〉的靈感來源。波赫士回答說：「不是。」接著又補充說，物理定律反映出文學構思，他倒不會覺得驚訝，因為物理學家都有讀文學作品。

第 2 章

1. 龐加萊在努力判定太陽系的穩定度時提出了混沌現象，
   他的原始表述可參見這個譯本：Henri Poincaré, *New
   Methods in Celestial Mechanics*, ed. D. Goroff (American
   Institute of Physics, 1993)。伯克霍夫（George Birkhoff）
   和阿達馬（Jacques Hadamard）在鞍面上的運動中發現混
   沌現象，可參閱：G. Birkhoff, "Quelques théorèms sur le
   mouvement des systèmes dynamiques," *Bulletin de la Société
   Mathématique de France* 40 (1912): 305–23; J. Hadamard,
   "Les surfaces à courbures opposées et leur lignes geodesics,"
   Journal de Mathématiques 4 (1898): 27–73。卡特萊特（Lucy
   Cartwright）和李特伍德（John Littlewood）在雷達電路
   的動力學中發現混沌現象：L. Cartwright and J. Littlewood,
   "On Non-Linear Differential Equations of the Second Order
   I: The Equation $y'' + k(1 - y^2) + y = b\lambda k \cos(\lambda t + a)$, k large,"
   Journal of the London Mathematical Society s1-20 (1942): 180–
   89。勞倫茲（Edward Lorenz）在大氣對流模型的早期電
   腦模擬中發現混沌現象：E. Lorenz, "Deterministic Non-
   Periodic Flows," *Journal of the Atmospheric Sciences* 20 (1963):
   130–41。羅伯特・梅在資源有限族群動態的簡單模型中
   發現混沌現象：R. May, "Simple Mathematical Models with
   Very Complicated Dynamics," *Nature* 261 (1976): 459–67。
   梅氏的論文催生出實驗數學領域的大量研究。葛雷易克的

《混沌》（*Chaos: Making a New Science*）是《紐約時報》
暢銷書，書中用通俗的文字記述混沌理論的發現過程。

2. C. S. 路易斯在 *A Grief Observed* (New York: Harper Collins, 1961) 這本書裡描述他失去妻子的悲傷。

3. 詳見 Joan Didion, *The Year of Magical Thinking* (New York: Random House, 2005)（中文版《奇想之年》，遠流，2007）及 *Blue Nights* (New York: Random House, 2011)。丈夫和女兒在兩年間相繼去世，蒂蒂安短時間內承受了極大的悲痛，而在女兒離世將近兩年之後，她罹患了帶狀疱疹。一個人身上的痛苦實在夠多了。

4. 詳見 Peter Heller, *The Dog Stars* (New York: Knopf, 2012)。（中文版《寂地》，凱特文化，2014）

5. 因此我就沒去讀 Erich Lindemann, "Symptomatology and Management of Acute Grief," *American Journal of Psychiatry* 101 (1944): 141–48 和 Colin Parkes, "Anticipatory Grief," *British Journal of Psychiatry* 138 (1981): 183 這兩篇討論預期性的悲傷的文章。

6. 見 John Archer, *The Nature of Grief* (New York: Taylor & Francis, 1999)。阿卻爾在這本書的第 6 章，描述他努力尋找低維悲傷模型的歷程；第 100 頁有他針對悲傷階段觀點的看法。

7. John Bowlby, *Attachment and Loss*, volume 3, *Loss: Sadness and Depression* (London: Hogarth, 1980).

8. Colin Parkes, *Bereavement: Studies of Grief in Adult Life* (London: Tavistock, 1972).

9. Alexander Shand, *The Foundations of Character* (London: Macmillan, 1914).

10. 反對悲傷階段觀點的一些論點，參見 Archer, *Nature of Grief*, 28, 29, 100。

11. 針對哀傷工作假說的一些反對意見，參見 Archer, *Nature of Grief*, 122, 251, and in W. Stroebe, M. Stroebe, and H. Schut, "Does 'Grief Work' Work?" *Bereavement Care* 22 (2009): 3–5。

12. 史卓依伯和舒特（Henk Schut）寫了非常多以悲傷為主題的論文。他們在三場研討會的演講中提出雙重歷程模式：M. Stroebe and H. Schut, "Differential Patterns of Coping with Bereavement between Widows and Widowers," British Psychological Society Social Psychology Section Conference, Jesus College, Oxford，1993 年 9 月 22–24 日；M. Stroebe and H. Schut, "The Dual Process Model of Coping with Bereavement," Fourth International Conference on Grief and Bereavement in Contemporary Society, Stockholm，1994 年 6 月 12–16 日；M. Stroebe and H. Schut, "The Dual Process Model of Coping with Loss," International Work Group on Death, Dying and Bereavement, St. Catherine's College, Oxford，1995 年 6 月 26–29 日。最新修訂參見 M. Stroebe

and H. Schut, "The Dual Process Model of Coping with Grief: A Decade On," *Omega* 61 (2010): 237–89。

13. 關於親緣選擇的一些細節，可參閱 Sonya Bahar, *The Essential Tension: Competition, Cooperation, and Multilevel Selection in Evolution* (New York: Springer, 2018); William D. Hamilton, "The Genetic Evolution of Social Behavior, I and II," *Journal of Theoretical Biology* 7 (1964): 1–52; Oren Harman, *The Price of Altruism: George Price and the Search for the Origins of Kindness* (New York: Norton, 2010); Martin Nowak and Roger Highfield, *Supercooperators: Altruism, Evolution, and Why We Need Each Other to Succeed* (New York: Simon & Schuster, 2011); Richard Prum, *The Evolution of Beauty: How Darwin's Forgotten Theory of Mate Choice Shapes the Animal World—and Us* (New York: Doubleday, 2017)；及普蘭的 TEDxYale 演講：https://www.youtube.com/watch?v=128-i8ulC7o。

14. Barbara King, *How Animals Grieve* (Chicago: University of Chicago Press, 2014).

15. 關於動物有事件記憶，甚至自傳式記憶的證據，可參閱 Gema Martin-Ordas, Dorthe Bernsten, and Josep Call, "Memory for Distant Past Events in Chimpanzees and Orangutans," *Current Biology* 23 (2013): 1438–41。

16. 可參閱 King, *How Animals Grieve*, 85。

17. 在 King, *How Animals Grieve* 的第 6 章，描述了母猴抱著死去的幼猴好幾天。

18. Helen Macdonald, *H Is for Hawk* (New York: Grove Press, 2014).

19. 關於悲傷的演化基礎，詳見 Randolph Nesse, "An Evolutionary Framework for Understanding Grief," in *Spousal Bereavement in Late Life*, ed. D. Carr, R. Nesse, and C. Wortman, 195–226 (New York: Springer, 2005)。

20. 在內斯與威廉斯合著的 *Why We Get Sick: The New Science of Darwinian Medicine* (New York: Random House, 1994) 書中，舉了許多例子探討透過達爾文演化論所理解到的醫學。（中文版《生病，生病，why？》，天下文化，2001）

| 第 3 章 |

1. 引文出自 Barbara King, *How Animals Grieve* (Chicago: University of Chicago Press, 2014), 14。

2. 比較近代的休姆（Hume）、康德（Kant）、叔本華（Schopenhauer），尤其是桑塔亞納，建立了關於美的理論。桑塔亞納的美學理論在這本書中有介紹：*The Sense of Beauty: Being the Outlines of Aesthetic Theory* (New York: Scribner, 1896)；這本書是根據他 1892 年到 1895 年在哈佛的演講寫成的。在 John Timmerman, *Robert Frost: The Ethics of Ambiguity* (Lewisburg, PA: Bucknell University Press,

2002) 第 174 頁提到，桑塔亞納為了謀得哈佛的終身職而寫這本書，他稱之「粗劣的急就章」。

3. 貝林談美學的書是 *Aesthetics and Psychobiology* (New York: Appleton-Century-Crofts, 1971)，在書中介紹了他的「新穎與熟悉度」論點；談好奇心的論文是 "A Theory of Human Curiosity," *British Journal of Psychology* 45 (1954): 180–91。

4. 桑塔亞納在 *The Sense of Beauty* 這本書的第 16 節，提出了他對於純粹與多變之間的平衡的論點。

5. 關於達頓的美學理論，請見 *The Art Instinct: Beauty, Pleasure, and Human Evolution* (New York: Bloomsbury, 2009) 和他的 TED 演講：https://www.ted.com/talks/denis_dutton_a_darwinian_theory_of_beauty。

6. 李安導演《臥虎藏龍》（哥倫比亞影業，2000）。

7. José Saramago, *Death with Interruptions* (Orlando: Harcourt, 2005).

8. 關於藝術欣賞不會受一個人的文化背景所影響，我們舉的例子有：姆巴提族樹皮布繪畫，見 Ron Eglash, *African Fractals: Modern Computing and Indigenous Design* (New Brunswick, NJ: Rutgers University Press, 1999) 這本書中的圖 4.3；因紐特族動物雕刻，見 Bernadette Driscoll, *Uumajut: Animal Imagery in Inuit Art* (Winnipeg, MB: Winnipeg Art Gallery, 1985) 這本書中的圖 133；及拉斯科的洞穴壁畫與西班牙哥多華的清真寺，見 H. W. Janson, *History of Art*,

4th ed. (New York: Abrams, 1991) 這本書中的第 74–77 頁和 289–99 頁。

9. 可能是這本畫冊：Douglas Hall, *Klee* (Oxford: Phaidon, 1977)。

10. 參閱 Charles Darwin, *On the Origin of Species by Means of Natural Selection, or the Preservation of Favoured Races in the Struggle for Life* (London: John Murray, 1859) 及 *The Descent of Man, and Selection in Relation to Sex* (London: John Murray, 1871)。

11. 普蘭對於美學選擇的分析，在《美的演化：達爾文被遺忘的擇偶理論如何塑造出動物世界和我們人類》(*The Evolution of Beauty: How Darwin's Forgotten Theory of Mate Choice Shapes the Animal World—and Us*) 和他的 TEDxYale 演講 https://www.youtube.com/watch?v=128-i8ulC7o 中，有很出色的描述。

12. Ronald Fisher, "The Evolution of Sexual Preference," *Eugenics Review* 7 (1915): 184–91.

13. Amotz Zahavi, "Mate Selection: A Selection for a Handicap," *Journal of Theoretical Biology* 53 (1975): 205–14.

14. Mark Kirkpatrick, "The Handicap Mechanism of Sexual Selection Does Not Work," *American Naturalist* 127 (1986): 222–40; Alan Grafen, "Sexual Selection Unhandicapped by the Fisher Process," *Journal of Theoretical Biology* 144 (1990): 473–516.

15. 如果 y 值的變化與 x 值的變化成比例，函數 $y = f(x)$ 就是

線性的;如果 y 值的變化與 x 值的變化不成比例,就不是線性的。舉例來說,$y = 5x$ 是線性的,因為當 x 值改變時,y 值也會按比例改變——在這個例子裡是變成 5 倍;另一方面,$y = x^2$ 是非線性的,因為當 x 值變成 2 倍時,y 值會變成 4 倍,而如果把 x 乘以 3,y 要乘以 9;y 值的變化與 x 值的變化不成比例。

16. 語出 Prum, *Evolution of Beauty*, 186, 188。

17. 關於修爾・萊特的適存度地景概念,請見他的 "Evolution in Mendelian populations," *Genetics* 16 (1931): 97–159 及 "The Role of Mutation, Inbreeding, Crossbreeding, and Selection in Evolution," *Proceedings of the Sixth International Congress of Genetics* 1 (1932): 356–66。

18. 凱薩琳・強森是《關鍵少數》(*Hidden Figures*, 20th Century Fox, 2016)這部佳片主角的原型人物。

19. 關於哥德爾配數法,詳見 E. Nagel and J. Newman, *Gödel's Proof* (New York: New York University Press, 1958), and in D. Hofstadter, *Gödel, Escher, Bach: An Eternal Golden Braid* (New York: Basic Books, 1979)。

20. 語出 Carl Sagan, *Cosmos* (New York: Random House, 1980), 4。(中文版《宇宙・宇宙》,遠流,2010)

21. 有一點附屬細則和「佘賓斯基三角形是應用這三個規則之後唯一保持不變的形狀」的說法有關。附錄中會詳細說明這些細則。

22. 關於曼德布洛特集，在 B. Mandelbrot, *The Fractal Geometry of Nature* (New York: Freeman, 1983) 這本書的第 19 章中有清楚的描述和圖解。普羅大眾第一次看到曼德布洛特集，是在 A. K. Dewdney, "Computer Recreations: Exploring the Mandelbrot Set," *Scientific American* 253 (August 1985)，第 16–21 頁、24 頁，該期封面文章。關於曼德布洛特集的發現過程，詳見曼德布洛特回憶錄的第 25 章：B. Mandelbrot, *The Fractalist: Memoir of a Scientific Maverick* (New York: Random House, 2012)。

23. 由我和皮克合著，提交我們與赫維茲的工作成果的論文是 H. Hurwitz, M. Frame, and D. Peak, "Scaling Symmetries in Nonlinear Dynamics: A View from Parameter Space," *Physica D* 81 (1995): 23–31。

| 第 4 章 |

1. 把波赫士短篇小說〈歧路花園〉當中的花園分岔，以及艾弗雷特（Hugh Everett）提出的量子力學多重世界詮釋的分岔比較一下，會產生一點困惑；〈歧路花園〉收錄在 *Labyrinths: Selected Stories and Other Writings*，多重世界詮釋請見 B. DeWitt and N. Graham, eds., *The Many-Worlds Interpretation of Quantum Mechanics* (Princeton, NJ: Princeton University Press, 1973)。正如尚・卡羅在《深藏之物》（*Something Deeply Hidden*, New York: Dutton, 2019）

書中清楚解釋的：巨觀選擇並不會讓宇宙分裂成兩個分支；如果多重世界確實是描述宇宙的模型，那麼唯有量子態的量測才會做到這一點。

2. 羅維利從近代量子物理學和相對論的角度談時間與現實世界本質的兩本精采著作是 *Reality Is Not What It Seems: The Journey to Quantum Gravity* (Penguin Random House, 2017) 及 *The Order of Time* (Penguin Random House, 2018)。

3. 馮內果的散文〈這是一堂創意寫作課〉收錄在《沒有國家的人》（*A Man without a Country*, New York: Random House, 2007）的第 3 章。

4. 麥克菲把地形和敘事形式做比較的，見 *Draft No. 4: On the Writing Process* (New York: Farrar, Straus and Giroux, 2017) 這本書談「結構」的章節。（中文版《第四版草稿》，麥田出版，2021）

5. Bill Bryson, *A Walk in the Woods* (New York: Broadway, 1999).（中文版《別跟山過不去》，皇冠出版，2000）

6. 亞西比（Hal Ashby）執導的電影 *Being There* (United Artists, 1979) 改編自科辛斯基（Jerzy Kosínski）的同名小說 *Being There* (Toronto: Bantam, 1970)。

7. Leslie Jamison, *The Empathy Exams* (Minneapolis: Graywolf Press, 2014).

8. 看圖的時候你可能會認為，「*Scruffy* 遊戲」－ t 平面中的大跳躍不可能投影到灰色平面中的小跳躍，但要記住，灰

色平面中的路徑並不是「*Scruffy* 遊戲」－*t* 平面中的路徑的投影。兩者都是某條路徑在更高維空間中的投影。

| 第 5 章 |

1. 薩拉馬戈在 J. Saramago, *The Notebook* (London: Verso, 2010) 3 月 31 日這天的記事中，寫到了他在小說 *All the Names* (San Diego: Harcourt, 1997) 裡描寫的碎形幾何墓園結構。

2. 第一個探討碎形或發表碎形宣言的，是 B. Mandelbrot, *The Fractal Geometry of Nature* (New York: Freeman, 1983) 這本書。從那之後，相關書籍就如雨後春筍般湧現：童書有 S. Campbell and R. Campbell, *Mysterious Patterns: Finding Fractals in Nature* (Honesdale, PA: Boyds Mills, 2014)；寫給一般讀者的 K. Falconer, *Fractals: A Very Short Introduction* (Oxford: Oxford University Press, 2013)；寫給老師的 M. Frame and B. Mandelbrot, *Fractals, Graphics, and Mathematics Education* (Washington, DC: Mathematical Association of America, 2002)；針對大學生的有 K. Falconer, *Fractal Geometry: Mathematical Foundations and Applications*, 3rd ed. (Chichester: Wiley, 2014), Michael Frame and Amelia Urry, *Fractal Worlds: Grown, Built, and Imagined* (New Haven, CT: Yale University Press, 2016), D. Peak and M. Frame, *Chaos under Control: The Art and Science of Complexity* (New York: Freeman, 1994), H.-O. Peitgen, H. Jürgens, and D. Saupe, *Chaos and Fractals: New Frontiers in Science*, 2nd ed. (New

York: Springer, 2004) 及 Y. Pesin and V. Climenhaga, *Lectures on Fractal Geometry and Dynamical Systems* (Providence, RI: American Mathematical Society, 2009)；寫給研究所學生的有 K. Falconer, *Techniques in Fractal Geometry* (Chichester: Wiley, 1997)；還有幾十甚至幾百冊會議論文集。

3. 我們會在附錄中提一下維度要如何計算。

4. 關於佘賓斯基三角形的長度與面積計算，以及維度與度量之間的關係，會在附錄中談一些細節。

5. 關於生活在分數維世界的簡單推測，請參閱 Frame and Urry, *Fractal Worlds* 一書的第 6.7 節。

6. Helen Macdonald, *H Is for Hawk* (New York: Grove Press, 2014).

7. 安・潘凱克的小說《一直都是這種怪天氣》(*Strange as This Weather Has Been*) 主要在描述西維吉尼亞州南部煤礦露天開採導致的環境災難對某個家庭的影響。故事發生的地點離我成長的地方很近，也發生在我成長的歲月。這並不是說教式、讀來乏味的大部頭書，而是關於複雜、有缺點的人的故事，這些人要承受荒謬的貪婪愚蠢帶來的後果。

| 第 6 章 |

1. Judea Pearl, *Causality: Models, Reasoning, and Inference*, 2nd ed. (Cambridge: Cambridge University Press, 2009); Judea Pearl and Dana Mackenzie, *The Book of Why: The New Science of Cause and Effect* (New York: Basic Books, 2018).

2. *Roger Ebert's Journal*, 14 January 2009, https://www.rogerebert.com/rogers-journal/i-feel-good-i-knew-that-iwould.

3. 語出 Pearl, *Causality* 的題辭。

| 致謝 |

1. 我和皮克（Dave Peak）一起寫了《控制中的混沌》（*Chaos under Control: The Art and Science of Complexity*, New York: Freeman, 1994），拿來當作我們在聯合學院開給非理工科系學生的碎形與混沌課的教科書。差不多二十年後，我和尤里（Amelia Urry）為了耶魯大學的類似課程，合寫了《碎形世界》（*Fractal Worlds: Grown, Built, and Imagined*, New Haven, CT: Yale University Press, 2016）。這兩本書的間隔時間裡，這個領域本身有了發展，我對它的理解也有所增長。諷刺的是，《碎形世界》在我從耶魯退休後不久才出版，所以我沒有用它授過課。

2. 麥克菲（John McPhee）是當今最傑出的非小說類作家之一。我聽說有人形容麥克菲只有一個祕訣，就是無論他的新作討論什麼主題，他都能讓你對那個主題興味盎然。真是高招。麥克菲在《第四版草稿》（*Draft No. 4: On the Writing Process*）這本書中敘述了他的寫作過程，還寫到一些幾何學。

3. 桑托羅（Lara Santoro）的小說和悲傷與失去有關。第一本《憐憫》（*Mercy*, New York: Other Press, 2007）以飽受愛

滋病蹂躪的非洲為背景;第二本《男孩》(*The Boy*, New York: Little, Brown, 2013)以美國西南部為背景——這部小說中的悲傷更深入內心。兩部小說都很具渲染力、技巧高超且率直,我迫不及待想看到她的下一部小說。

4. 想像一下我發現平克(Andrea Sloan Pink)把我寫進這部劇作時的驚喜:"Fractaland"; in *The Best American Short Plays, 2013-2014*, ed. W. W. Demastes, 249–63 (Milwaukee: Applause Theatre & Cinema Books, 2015)。她把曼德布洛特和我描繪得十分精準,讓我不禁納悶她是不是我的學生;事實上我們互不認識,但後來開始互通 email,現在還繼續聯絡。我們幾乎同時失去父母,這讓我們通信時自然而然談起了悲傷。

5. 包洛斯(John Allen Paulos)在這本書提出他的幽默幾何模型:*Mathematics and Humor* (Chicago: University of Chicago Press, 1980)。

科學人文 90

悲傷幾何學：思索數學、失去與人生
Geometry of Grief: Reflections on Mathematics, Loss, and Life

作　　者—麥可 法瑞姆（Michael Frame）
譯　　者—畢馨云
編　　輯—張啟淵
企　　劃—鄭家謙
封面設計—吳郁嫻

董 事 長—趙政岷
出 版 者—時報文化出版企業股份有限公司
　　　　　108019 臺北市和平西路三段二四〇號四樓
　　　　　發行專線—（〇二）二三〇六六八四二
　　　　　讀者服務專線—〇八〇〇二三一七〇五　（〇二）二三〇四七一〇三
　　　　　讀者服務傳真—（〇二）二三〇四六八五八
　　　　　郵撥——九三四四七二四時報文化出版公司
　　　　　信箱— 10899 臺北華江橋郵局第九九信箱
時報悅讀網— http://www.readingtimes.com.tw
法律顧問—理律法律事務所 陳長文律師、李念祖律師
印　　刷—勁達印刷有限公司
初版一刷—二〇二三年五月十九日
定　　價—新臺幣四〇〇元
（缺頁或破損的書，請寄回更換）

時報文化出版公司成立於一九七五年，
並於一九九九年股票上櫃公開發行，於二〇〇八年脫離中時集團非屬旺中，
以「尊重智慧與創意的文化事業」為信念。

悲傷幾何學：思索數學、失去與人生 / 麥可 . 法瑞姆 (Michael Frame)
著；畢馨云譯 . -- 初版 . -- 臺北市：時報文化出版企業股份有限公司，
2023.05
　面；　公分 . -- (科學人文；90)
譯自：Geometry of grief : reflections on mathematics, loss, and life.
ISBN 978-626-353-710-1(平裝)

1.CST: 數學哲學 2.CST: 悲傷

310.1　　　　　　　　　　　　　　　　　112004697

ISBN 978-626-353-710-1
Printed in Taiwan